到地府走一趟才發現
連閻羅王都會
Python！

誓不還魂

嗓不通

因故昏迷不醒的人類靈魂將被吾召喚至地府

唯有學會 Python，取得證書，才能重返人間

U0141128

序

　　如果，你的書櫃裡也躺著一本厚厚的 Python 程式教學書，卻始終翻不到 20 頁，那麼我想，你會需要這本 Python 輕小說。

　　「啊？意思是看完小說就能學會 Python 嗎？天底下有這麼快樂的事？」此刻的你，也許是這樣想的。

且慢，讓我向您娓娓道來！

這是講述幾個因故昏迷不醒的人類靈魂被召喚到地府的故事。

他們必須學會 Python 的基礎，取得證書，才能重返人間。

是的。

這是某個月黑風高的夜晚，喝ㄎ一ㄤ了在人間遊蕩的閻王，
腦洞大開想出的奇妙點子。

這就別說了，有損我尊嚴的形象。

總之呢，我們想讓你在翻開這本書時，能以輕鬆愉悅的心情，
看完他們在地府發生的故事，還有愛恨糾葛什麼的……

並沒有！不要瞎掰好嗎？

總之呢，我們就是想讓書前的你，看著地府的故事，笑著學會 Python 的基礎！

講了那麼久還沒講到重點，我來好了。

本書將隨著故事情節的發展，依序帶入 **Python 的語法觀念和運行邏輯**，以及**配合劇情的範例程式**，與**角色間的程式碼討論**。

同時，使用不同的樣式區分程式碼的輸入和輸出，讓內容更清晰易懂。

如果時間緊迫，想跳過劇情直接學習 Python，可以參考**目錄中各章的語法索引**。

除此之外，認真學習的我，還在地府村民交流魍的程設板上，整理了多篇 **Python 語法筆記**，幫助所有程式初學者（包括我）快速複習或查閱。

另外，我們的地府工程師，以及我本人，也分享了如何**利用 Colab AI 和 ChatGPT**，來**輔助學習與編寫程式**。

這對初學者而言，無疑是非常實用的 AI 工具！

而且，所有的 Python 程式碼都在 **Colab 或 Jupyter Notebook** 這類新手友善的程式編輯介面中完成。

書中的**範例程式檔案**，以及**番外電子書**，皆可在此自行下載：

https://www.flag.com.tw/bk/st/F5771
（大小寫須符合）

只要依照網頁指示輸入關鍵字，即可取得書附檔案，解壓縮後方可使用。

俗話說得好，萬事起頭難。

如果這本輕小說能幫助各位快速又無痛地入門 Python，還能在忙碌的生活中放鬆身心，何樂而不為呢？

對啊！連我這樣的程式超級小白都能學會了，你還猶豫什麼？

歡迎各位參與我們的故事，一起到地府走一趟吧！

地府聯絡不易，你們回到人間後，可以透過這個 **GPT 機器人**找到我。

不管是想問我 Python 相關的問題，還是要我提供範例程式給你，都沒問題。

當然，也可藉此與其他地府好友敘舊，或是挑戰地府的 Python 認證，我們隨時恭候。

目錄

序章

黑暗中，他感覺到自己正坐在冰冷的地面上，背部倚靠著一根堅硬的柱狀物體，雙手和雙腳似乎被什麼給銬住了。不過，這樣的處境於他而言並不陌生。

　　猶記得幾年前，他的女友曾夢想成為一名警察。當時的她為了體驗追捕犯人的快感，甚至買了手銬，經過一番激烈追逐後將他強行銬上。

　　但是，照理說，他現在應該正在前往面試的路上才對。

　　意識到不對勁的他猛然睜開雙眼，試圖理解自身處境，好做出下一步判斷。

　　低頭看了一眼，果然是手銬和腳鐐，這令人懷念的觸感不禁讓他感到疑惑：『是誰把我銬住的？我被綁架了嗎？還是說，我犯罪了？』

　　他抬起頭環顧四周，期望獲取更多資訊。這才發現自己倚靠的是一座木製吊橋的橋塔，而周遭也不是熟悉的台灣街景，更不用說是警局或牢房了——這裡幾乎什麼都沒有，除了眼前那座看似廚房的涼亭，以及身後的吊橋。

　　排除涉嫌犯罪的可能性後，他合理推斷自己被綁架了。

　　『不是吧……我身無分文，值錢的東西大概只有年輕的器官和新鮮的肝而已……這綁匪的眼光真差。』

正當他胡思亂想時，吊橋上傳來沉穩的腳步聲。隨後，一個富有磁性的女性聲音在他身後響起：「張弓長，你醒啦？」

他猛回頭一看，兩位大姐姐正從橋的另一端走來。

走在前面的那位有著烏黑的長髮、健康的小麥色肌膚，額頭上的月亮印記更是令人印象深刻，整個人散發著帥氣瀟灑又不失威嚴的氣質；跟在後方的那位則有著白色髮尾的黑色短捲髮，瀏海遮住了一隻眼睛，相較於前者，她的神情顯得格外溫柔。

「……妳在叫誰，我不認識。」張弓長警覺地回答。雖然對方沒有叫錯他的名字，但他不確定眼前這兩位是否友善，為了安全起見，裝傻應該是最佳策略。

「咦，可是生死簿上就是這樣寫的呀！還是我叫錯了，其實你的名字不是張弓長，而是張張？」走在前頭的黑長髮姐姐故作驚訝地看向手中的白色簿子。

『老天，』張弓長在心中暗罵，『我討厭這個爛名字。妳才髒髒，妳全家都髒髒！』

「等等，生死簿？！」他脫口問道。

「對呀，你差點就要死掉囉，所以我才趕緊把你召喚過來。」黑長髮姐姐說完後又看了看手中的簿子，隨即向張弓長補充：「你是在面試途中被紅燈左轉逆向騎上人行道又煞車失靈的阿桑撞昏的。真的差點就要死掉囉！」

走進涼亭的短捲髮姐姐笑盈盈地接著說：「結果，沒想到你差點就要跟著差點撞死你的阿桑一起喝湯、過橋，我那時忙著發湯，情急之下只好先把你敲昏了；又為了防止你醒來之後亂跑，就順勢把你的手腳給銬上了，呵呵。」

「……倒也不用一直強調我差點死掉這件事吧。」張弓長無奈地嘟囔著。

「所以，你知道這裡是哪裡嗎？」黑長髮姐姐把手中的生死簿遞給另一位姐姐，走到張弓長面前蹲下問道。

聞言，張弓長快速地在三秒內梳理出邏輯：「有湯、有橋、有生死簿的地方應該是……地府？」

「欸，他很聰明耶，小孟！」黑長髮姐姐興奮地轉頭，雙眼發亮地看向正在涼亭裡調整湯的口味的短捲髮姐姐。

被稱作「小孟」的姐姐則是對她溫柔地笑了笑，問道：「閻，妳口渴了吧？」隨後盛了一小碗湯遞給被稱作「閻」的黑長髮姐姐。

接過湯，啜飲了一口，閻滿臉幸福地對小孟豎起大拇指。

倏地，她像是想到什麼似的，回過頭以銳利的眼神看向張弓長：「這湯你不能喝，絕對、不能喝。」

「呃……好。」張弓長哭笑不得，心想：『是不會跟妳搶啦。』

喝著湯的她接著說了一句：「喝了這湯，你就會忘記生前的一切，所以千萬不能喝。」

「哇⋯⋯這難道是傳說中的孟婆湯嗎？」他試探性地問，想藉此確認民間傳說的真實性。

這次反而換短捲髮姐姐不疾不徐地回答：「孟婆聽起來、很老，以後、麻煩、請叫我小孟姐。」

她依然面帶微笑，卻笑得張弓長心裡直發寒。

『我看見了！我看到小孟姐的額頭上浮現青筋了！』張弓長在心裡吶喊著，連忙點頭道歉，深怕得罪眼前這兩位他永遠都惹不起的女人。

道歉的同時，他回想起前些日子，女友因為被叫阿姨而大發雷霆的模樣，至今仍心有餘悸。

話雖如此，他還是掛念著遠在人間的女友 ── 原定今天面試完的約會行程被強行取消了，她很失望吧？發現自己昏迷不醒後，她的心情還好嗎？此刻的她，在做什麼呢？

『好想見她。』

思念之情正要湧上心頭，卻被身處地府的現實無情打斷，小孟姐話語中饒有恐嚇意味地警告著：「再叫我一次孟婆，我就讓你喝下這碗湯。」

「跟你說，千萬別惹小孟生氣，地府的伙食都是她負責的，所以⋯⋯你懂的。」喝完湯的閻小聲對張弓長說，同時拿出鑰匙幫他解開手銬和腳鐐。「你也知道，喝了小孟的特調精力湯就會忘掉塵世記憶。但你現在的目標是重返人間，一旦忘記就再也回不去了。」

「我還能回去？」本以為餘生（餘生？）都要待在地府的張弓長瞬間燃起一線希望。

「當然啊！只要學完程式設計並且取得證書，就可以回去囉！」

「啊？這裡不是地府嗎？」張弓長下意識地問道，同時在心裡吐槽著：『這個設定也太莫名其妙了吧……到底是誰想出來的鬼點子？』

「對啊，在地府學程式，不覺得很酷嗎？！這可是身為閻羅王的我，某天在人間閒晃時突發奇想的點子喔！」相較於張弓長的困惑，閻羅王則顯得興致高昂。「對了，你之前學過哪些程式語言？」

「……我一個都沒學過。」剛從外文系畢業、江湖人稱「3C 苦手」的張弓長怎麼可能有學過呢？

聞言，略感驚訝的閻羅王走向涼亭，拿起了方才被小孟姐放在桌上的白色簿子，打算幫這位「碼盲」安排一位有耐心的地府工程師，作為他的專屬 mentor。

「閻，妳拿的那本是食譜，這本才是生死簿。」小孟姐笑著將另一本白色簿子遞給閻羅王。

「欸？呃哈哈哈，謝謝。」閻羅王有些尷尬地將錯拿的食譜還給小孟姐，同時翻閱起生死簿，「我看看喔……那就幫你安排伊努好了。他雖然看起來有些冷漠，但其實很溫柔喔。而且他生前也是台灣人，溝通上應該不會有障礙。」

「事不宜遲。」她合上生死簿，笑容爽朗地對著張弓長說：「走吧，

張張，去找伊努！」

『我不叫張張……』看在對方是閻羅王的份上，張弓長也只敢反駁在心裡，認命地起身跟上她輕快愉悅的腳步。

與小孟姐道別後，張弓長跟著閻羅王來到橋邊一個嵌入石壁的木製梯子前。

閻羅王突然又想起了什麼，轉身叮囑道：「啊，差點忘了跟你說，旁邊這座『你奈我何橋』你也不能走喔，這只有準備投胎轉世的人才能走的。」

「……你奈我何橋。」張弓長喃喃自語，不禁搔了搔下巴懷疑了起來：『民間傳說的奈何橋在這裡稱作你奈我何橋，孟婆湯變成特調精力湯，還有，閻羅王其實是女生，孟婆也很年輕，最誇張的是還要學程式設計——這個地府真的不是盜版的嗎？』

「我先爬下去，你再跟上來喔。」閻羅王的聲音將他從思緒中拉回現實。直至此時，他才有餘裕環顧四周的景色。

這裡天色昏暗，煙霧繚繞，四周荒煙蔓草環生，彷彿籠罩在無盡的荒蕪之中。而身旁的你奈我何橋下，是一個深不見底的峽谷，恍若連光都無法觸及。

『也許在峽谷的最深處有條忘川河吧？不過照這個邏輯，河的名字八成也會跟傳說中的不一樣。』張弓長暗自猜測著。

他小心翼翼地順著木梯爬下，來到橋的入口處正下方的一個隱秘石穴。石穴陰暗深邃，散發著不祥的氣息，令人不寒而慄；身後則是那幽深的峽谷，一旦失足，恐怕再也沒有機會回到陽間。

石穴左右兩側的石壁上，各有一條鑿出的山道，狹窄得只能勉強容納兩人並肩而行。儘管行走在這兩條通道上，稍有不慎便可能墜入深谷，但對張弓長來說，這種道路設計倒是別有一番新奇。

就在他為周遭景色所震撼時，閻羅王遞給他一副眼鏡，並說：「這是抗藍光眼鏡。接下來的日子裡，你會花大量時間寫程式，戴著它可以保護眼睛。」

「咦？謝謝。」張弓長有些意外地接過眼鏡。他知道這種眼鏡，之前在人間時還特地向旗標購買過，戴著看 3C 產品的確不容易眼睛乾澀。

「那我先去忙囉。你等一下往洞穴裡面走，走到盡頭會看到一台電梯。搭那台電梯到第 0 層地獄，伊努會在那裡等你。有什麼不懂的都可以問他。」速速交代完畢，閻羅王便朝左邊的通道走去。

「……真的就這樣丟下我一個人？這裡很黑耶。」他欲哭無淚。

然而，害怕的情緒並沒有壓抑住他的好奇心。難得有機會獨自在這個真假難辨的地府裡，他想好好探索一番 —— 他想知道左右兩條道路分別通往何處，也想知道吊橋的另一端有著什麼，而橋下又是什麼。

抬頭望向橋的另一端，他半瞇著雙眼，試圖看得更加清楚。就在這時，他發現有個人影似乎想從橋上跳向峽谷！

那人四處張望了一會，竟然真的縱身一躍。在他從張弓長面前墜落那瞬間，脖子猛然一扭，雙眼居然對上了張弓長的目光，神情怪異地咧開嘴笑著。「我們……一起下去……」從谷底傳來的陣陣回音，顯然是發現了呆愣在洞口的張弓長。

這駭人的一幕嚇得張弓長連連後退，雙腿一軟，跌坐在地。感覺到自己心跳加速、冷汗直冒，『果然不該隨意探險的。』他後悔了。

待情緒稍稍平復後，他勉強站起身來，決定還是按照閻羅王的指示行動。先不管探險了，他可不想在這裡失去生命。

也許是剛才的驚嚇餘悸猶存，抑或這深不可測的洞穴實在過於昏暗，張弓長變得格外敏感 —— 舉凡水珠滴落的聲音，或任何一點風吹草動，都能讓他心驚膽顫。

「為什麼閻王姐姐給我的是抗藍光眼鏡，而不是手電筒啊……」他無奈地嘀咕著。

就在他備感絕望之時，空氣中突然浮現出一團藍色的火焰，幽幽地漂浮在他面前。眼前情景對他而言，無疑是雪上加霜。

「啊 —— 鬼、鬼、鬼……鬼火！」他驚恐地哭喊著，「我想回家嗚嗚嗚嗚……」

不過，他深知自己不能逃跑，因為他也無處可逃。儘管內心的恐懼如潮水般襲來，他還是努力讓自己失控的情緒緩和下來。

忽然，他靈機一動，想起自己手邊有一副閻羅王給的眼鏡，於是趕緊戴上，試試能否抵抗鬼火的藍光。

戴上後他發現，藍光確實變得沒那麼刺眼了 —— 但這並不會改變鬼火依然存在的事實。

張弓長現在別無選擇，只好硬著頭皮，裝作若無其事地繼續邁開步伐，向洞穴深處前進。

走了一段路之後，他注意到那團鬼火似乎一直跟隨著他，好像也沒有任何要傷害他的意圖。反之，它所到之處不再黑暗，竟使張弓長感到一絲安心。

『這難道是地府派來的引路人？』他心想。

就這樣，張弓長與鬼火靜靜地、氣氛有些微妙地走了良久，才終於抵達閻羅王口中所說，位於洞穴深處那部通往地獄的電梯。

「應該就是這個了。」他深吸一口氣，踏入電梯。鬼火也跟著飄了進來，此舉使他忍不住開口問道：「呃……你也要搭電梯？」

聞言，鬼火對他點了點頭。

『等等，它對我點頭？！』只養過小土狗的張弓長自然是驚愕不已。

「那……請問你要去幾樓？」意識到鬼火能夠與人類交流，他不自覺變得禮貌了起來，也為自己先前的失態感到有些尷尬。

話音剛落，鬼火便飄到樓層按鈕前，而張弓長的視線也隨著它一起停留在按鈕上。

地府電梯的樓層顯示與人間不同，由上而下為「0」到「18」，依序表示第 0 層到第 18 層地獄；而在「0」之上的則是「R」，正是他們目前所處的樓層。

鬼火上下漂浮、看了幾秒鐘之後，輕輕地撞了下「0」的按鈕。

「看來我們要去同一層呢。」張弓長轉頭看著鬼火說道：「剛才真的謝謝你，幸好有你陪著，不然我真的會嚇死。」

鬼火再次對他點了點頭。此刻的他開始覺得，接下來在地府的日子，無論發生什麼事情，都不會讓他太過意外了。

畢竟，這裡本就不是常理所能解釋的世界。

「那你算是我在地府交到的第一個朋友嗎？」話還沒說完，電梯門就打開了。

「不是。」電梯門前站著一名男子，臉上滿是不悅地看著張弓長。「它是我的寵物，等你太久了，所以讓它上去找你；我是地府工程師——伊努，我才是你在地府即將認識的第一個朋友。」

「啊，讓你等那麼久，真是抱歉。」

『早知道就不亂晃了，差點被嚇死……不過，也還好有閒晃一下，才有幸遇到鬼火前來帶路。』思及此，他傻笑了下，並說：「我是張弓長，謝謝你們來找我。」

「洞穴很黑，還以為你出事了，但我不能離開這裡，只好派熙嵣去找你。」與神情不符地，伊努出乎意料是個溫柔的人。

「西莎？」

「熙嵣，這是它的名字，代表著光明磊落。」伊努示意鬼火回到他身旁，然後對張弓長說：「走吧，去登錄資料。」

張弓長點了點頭，隨即跟上他的腳步。

第一章

認命吧！
人生難免有變數

張弓長跟在伊努身後，四處張望著，對於眼前的景象感到有些訝異——這裡與他想像中的地獄截然不同，沒有刀山油鍋，也沒有滾燙的岩漿與聳立的巨石，反倒是一片生機盎然的蓊鬱森林。

他本以為地獄應該是個讓人多待一秒都會寒毛直豎的地方，又或者學習程式的環境至少帶點現代科技感，然而眼前的景色更像是穿越到了原始叢林。

他們倆就這樣靜靜地走著，一語不發，周圍只有風聲與鳥鳴。這種尷尬的沉默讓張弓長有些不自在，終於，他忍不住開了口，試圖開啟話題：「這裡……跟我想像中的地獄差好多。」

伊努挑了挑眉，淡淡地問：「哦？怎麼說？」

「像是閻王是女生，孟婆居然年輕又漂亮，還有什麼特調精力湯、你奈我何橋……這些都跟傳說不一樣啊。」張弓長越說越激動，手勢比劃得誇張起來。「而且這裡的環境怎麼看都不像是地獄吧？」

「因為這是閻王近幾年才增設的第 0 層地獄啊。」伊努冷冷地回道。

「但最不能理解的是，到底為什麼要學完程式設計才能回到人間？我可是碼盲啊啊啊啊——」話說到最後，他抱頭蹲了下來，自顧自地陷入絕望情緒。

看著他這副模樣，伊努無奈地嘆了口氣，蹲下身輕輕拍了拍他的肩膀。「沒事啦，有我在，你一定能學會的。」

張弓長抬起頭，半信半疑地望向他，「真的？」

「嗯，好歹我生前也是個軟體工程師，教你絕對沒問題。」伊努臉上流露出一絲自豪的神情。「別哀怨了，閻王會這麼安排，也是為了讓你們多學一個實用技能，回到陽間後或許能派上用場。」

「可是，為什麼閻王姐姐要我學的是 Python？我在人間明明還有聽過 C、C++、Java 之類的程式語言，為什麼不是學那些？」他不解地問。

『學那些語言只會讓你更痛苦。』伊努心裡想著。當然，這種話他是不會說出口的。

伊努推了推臉上的細框眼鏡，展現出專業從容的態度，耐心地解釋：「因為 Python 是一種高階程式語言，簡單易學，特別適合新手入門。它的**語法簡潔直觀**，被廣泛應用在多種領域，像是資料分析、人工智慧、網頁開發等。

「除此之外，Python 擁有豐富的資源，不僅內建多種**標準函式庫**，還有大量的**第三方套件**，可以讓你用少量程式碼輕鬆完成一些複雜的任務。總之，對初學者來說，它是一個絕佳的選擇。」

「腳麻掉了，也聽不懂。」聽得一頭霧水的張弓長有些困難地站起身，傻乎乎地對伊努笑道：「好啦，我認命了，反正有你罩我，學就學吧！」

看他恢復精神，伊努的嘴角也跟著微微上揚。「有這個決心就好。」

即使聽不太懂伊努剛才說的那些專有名詞，張弓長的心情仍輕鬆了些，同時對於即將展開的地府生活有了些許期待。

閒聊整路，他們總算抵達了地府的宿舍區——由一排排小木屋組成的小型社區，環境清幽且寧靜。

伊努帶著張弓長，在最後一排的第四間小木屋前停下腳步。「這裡就是你在學習 Python 這段期間的住處。」

小木屋的門牌上寫著「404」。

「這房號好像不太吉利……」張弓長低聲嘟囔著。

「呵，別在意。」伊努輕笑，同時示意他可以直接推門進屋。

推開房門，映入眼簾的是一間溫馨的木製小屋。室內格局呈正方形，目測約有七坪大，挑高的設計讓空間不顯侷促壓迫。

走進房裡，目光所及之處有兩張靠牆的高架床，床舖的下方為書桌，桌上擺放著筆記型電腦。床邊靠窗處設有個人衣櫃，而玄關右側則是衛浴間。

「雖然地方不大，但設備還算齊全。」伊努介紹道，「你被安排在左邊的床位，寢具都已清洗乾淨，可以安心使用。桌上的筆電也是給你用的。」

接著指向另一個床位，說：「右邊床位的室友比你早來三天，是個日本人，年紀應該大你十幾歲，可以的話就好好相處吧。」

「日本人？可是我的日文不太好……跟他用英文溝通行嗎？」張弓長有些擔憂。雖然自己是外文系畢業，但日文既非他的主修、也非副修，若要與日本室友交流，恐怕還是得倚賴英文。

「放心吧，他的中文很好，說是之前在台灣念過大學。」

「太好了！」張弓長鬆了口氣，並暗自盤算著：『或許還能跟他學點日文，這樣就能再多帶一項技能回陽間了。』

「先開電腦吧，要登錄你的資料。」

「咦，噢，好的。」對於伊努的話題切換速度感到措手不及的他，趕緊坐了下來，按下筆記型電腦的電源鍵。

等待開機的同時，伊努向他說明：「我們目前引進了人間的 Windows 系統，其他作業系統還在努力中。所以你不用擔心，這裡的電腦介面與操作方式和陽間一模一樣，瀏覽器也是。」

「哇，真的一樣耶！太強了吧！」看到熟悉的畫面，張弓長不禁對地府的工程師們心生敬佩。

聽到這番話，一向沒什麼表情的伊努，臉上難得浮現出不太明顯的得意神情。「這都得歸功於我們這群社畜工程師。」

他一把拉過室友的椅子，坐在張弓長身旁，接過滑鼠，打開桌面

的 Google Chrome 瀏覽器。「在你來之前，我已經幫你建立了一個新的 Google 帳號，接下來在地府都使用這個帳號吧。密碼你可以晚點再自行更改。」

聞言，張弓長眼中突然充滿了期待，「那我等等可以用這個帳號給家人發個 mail 報平安嗎？」

伊努神情一滯，輕輕搖頭。「很遺憾，這裡的網域和陽間是相互隔離的。雖然我們擁有與人間相同的技術，卻無法直接連上人間的網路。只有透過特殊的管道或指定的電話亭才能聯繫陽間，不過成本高昂，很難有機會接觸到。」

方才燃起的一絲希望瞬間被澆熄，張弓長失落地低下頭。

看著他沮喪的樣子，伊努的口氣有些不耐煩，「那麼消沉幹嘛，早點學會就能早點回去了。」他總覺得今天好像一直在安撫這位程式學員多變的情緒。

張弓長深吸一口氣，拍拍臉頰，振作起來。「你說得對，我不能灰心喪氣。請開始教我吧！老師大人！」

看到他現在的狀態，伊努稍微放下心來。接著示意張弓長**開啟 Google 雲端硬碟**，解釋道：「閻王當初擔心沒接觸過程式的新手，會在安裝 Python 和程式碼編輯器時遇到挫折，所以決定讓程式小白直接使用 Google Colaboratory，也就是我們常說的 Colab。

「Colab 的使用教學與操作方法都已整理好，放在地府程設板上，你可以先開來看。」

說完，便在瀏覽器上輸入了一串網址，進入一個名為「地府村民交流魍」的怪異網站。裡面話題豐富，從程式設計問題、地府生活秘訣到公開徵友，應有盡有。

沒用過 Colab 的同學們，可以先跳至第 59 頁逛逛地府程設板的 Colab 討論區。

張弓長在伊努的指導下，第一次使用了 Colab。他按照伊努的口頭說明，以及地府程設板上的教學文章，順利地在雲端硬碟中新增了**一個檔案格式為 .ipynb 的 Colab 筆記本**。

與此同時，他也在伊努的建議下新增一個名為「Python」的資料夾，用以存放與管理這類程式檔案。

「我們剛才新建的 Colab 筆記本是要用來登錄資料的，等等會讓你在上面輸入一些個人基本資料。在這之前，先把檔名從預設的『Untitled0.ipynb』改成『login.ipynb』。記得不要刪掉最後的副檔名『.ipynb』。」

「遵命。」張弓長迅速地將檔名更改為「**login.ipynb**」。

「接下來，要先測試程式能否在 Colab 筆記本中正常執行。我通常會執行這句程式碼 ——」

說到這裡，伊努停頓了下，在程式碼儲存格中輸入了一行經典的程式碼：

```
print("Hello Hell!")
```

之後所有在儲存格中編寫的程式碼，都會以上面這種樣式來呈現喔！

「這個 print() 是內建函式，負責**在螢幕上打印出小括號中的值**。」伊努先簡單為張弓長解說程式碼，再向他說明程式的執行方式：「輸入完程式碼之後，按下左邊那個像播放鍵的『執行鈕』就可以執行程式。你試試看。」

張弓長依言按下執行鈕，程式碼儲存格下方隨即出現了：

```
Hello Hell!
```

之後所有程式執行的輸出結果，都會以上面這種樣式來呈現喔！

看到這個輸出結果，他忍不住哀號：「第一句程式碼就學這個，也太地獄了吧！」

看到他誇張的臉部表情和肢體動作，伊努忍不住笑了出來。「這只是為了符合地府的特色啦！在人間，大家學的第一句通常是『print("Hello World!")』。」

「這樣聽起來合理多了。」張弓長點了點頭，然後看向伊努，傻笑著說：「還有，你終於笑了。」

聞言，他立刻收起笑容，輕咳一聲，有些不好意思地轉移話題：「看來程式可以正常執行，我們就能開始依序登錄資料。首先輸入今天的日期，代表你來到地府的第一天。」

伊努表示，初學的程式碼會先由他編寫，稍後再讓張弓長自行嘗試。

說完，他點擊了「**＋ 程式碼**」，待下方出現新的程式碼儲存格，才在其中輸入：

```python
# 今天的日期
import datetime
print(datetime.date.today())
```

並同時進行詳細的程式碼說明：「datetime 是 Python 的內建模組，用來處理日期和時間的相關操作。我們首先用『**import**』將 datetime 模組**引入**，接著用 datetime.date.today() 來取得今天的日期，就能以 ISO 格式，也就是 '年 - 月 - 日' 的形式顯示出來。」

張弓長仔細聽完解說之後，好奇地問：「那個『#』是什麼意思啊？」

「噢，那是**註解符號**，用『#』開頭的那行文字**不會被程式執行**。」伊努解釋道，「通常我們會在程式裡加上註解，說明這段程式的功能或者一些需要注意的地方，方便以後自己或其他人閱讀時理解程式碼。」

理解後，他才小心翼翼地按下執行鈕。儲存格下方隨即顯示當天的日期：

| 2024-07-28

看著這個熟悉的日期，伊努感嘆著：「對耶，我都忘了今天是我的忌日，原來我已經在這裡待兩年了……」隨後苦笑道：「沒想到我們的忌日是同一天。」

張弓長愣了一下，『原來除了生日，還真有人會記得自己的忌日。』思及此，他不禁對伊努的死亡原因有些好奇，也為他年輕離世而感到惋惜。

儘管他想多了解伊努，但若對方沒有主動提起，自己也不好開口詢問。畢竟他們才剛認識，直接詢問也很失禮。

似乎察覺到話題有些沉重，伊努輕笑著打圓場：「沒什麼，只是覺得很巧而已。」

點點頭，貼心的張弓長也順勢結束了這個話題。同時在心中告誡自己，專心學程式才是當務之急。

「對了伊努，為什麼我們要用 Colab 來登錄資料，而不是直接填寫表單就好？」

「閻王希望大家能透過比較生活化的例子學習程式的基礎，所以指示地府工程師，只要逮到機會就可以帶入程式教學。我想，密集一點地把觀念和語法融入你的日常生活，你就能盡早回到人間。」

聽到這裡，張弓長不禁有些感動，一副泫然欲泣的表情說著：「伊努，你人真好。」

「你不是想早點回去嗎？」伊努淡淡地說，指了指螢幕，「所以接下來，我們要在你輸入基本資料的同時，講述『**變數與資料型別**』的概念。那就從姓名開始吧。」

張弓長一臉茫然，顯然這些專業術語對他來說還很陌生。不過一旁的伊努早已開始操作，打出這段程式碼：

```
# 輸入名字
name = input("你的名字：")
```

「你先執行這句程式碼，我再解釋給你聽。」

張弓長按下執行鈕後，儲存格下方隨即出現「你的名字：」的提示，他謹慎地在右側的方框中輸入了「張弓長」三個字，並按下 Enter 鍵：

你的名字：張弓長

一旁的伊努若有所思地看著螢幕，笑著說：「原來你本名真的叫張弓長啊，太有趣了。」

「我老媽說，這是我奶奶怕名字難記，乾脆把「弓長張」倒過來當作名字……」他嘆了口氣。

聽到這隨興的取名方式，伊努忍不住又笑了幾聲，才指著螢幕上的程式碼開始解說：「首先，這個『name』是一個變數。**變數可以想像成給資料掛上一個名牌，以利後續取用。**」

「所以我輸入的名字就像被掛上一個寫著 name 的名牌？」

「沒錯。」伊努點頭。「我們之所以將變數命名為 name，是因為這樣一看就知道這份資料是個名字。這就是**直觀且有意義的變數名稱，讓程式碼更容易理解。**」

他頓了頓，又補充道：「變數命名時，要避免使用像 a、b、x、y 這種沒有明確意義的名稱，除非是在處理數學運算。」

「那變數名稱可以用中文嗎？」

「技術上是可以的，但不建議這麼做。」伊努解釋道，「用中文作為變數名稱可能會遇到編碼問題，尤其在不同的系統環境下。所以，最好還是使用英文命名，這樣程式碼的通用性更高。」

他接著說：「另外，變數命名有幾個規則需要注意。包含**變數名稱不能以數字開頭、不能包含空格**，也**不能使用 Python 的保留字**，像是 if 或 def 等。

「我們通常會用駝峰式命名法，也就是大小寫交替的命名方式，比如 myName；或是底線命名法，例如 my_name。這樣可以增加程式碼的可讀性，也更容易維護。」

張弓長扶著額頭，嘆著氣，「天啊，我哪記得住啊……」

看著眼前的戲精，伊努好氣又好笑地說：「給我邊做筆記啊！旁邊不是有紙跟筆？」

```
# 輸入名字
name = input("你的名字：")
```

不等對方反應，他又繼續講解程式碼：「接下來是這個『=』，它可不是數學上的等於；在程式語言中，這叫做**賦值運算子**。它的作用是**將等號右邊的值，指派給等號左邊的變數**。」

「噢！原來這不是左右相等的意思！」張弓長恍然大悟。

「嗯，很多初學者都會誤會。而你說的左右相等，在程式中會用『==』來表示，我們之後會提到。」

「是無言的表情符號！」

「這也是我此時此刻的心情寫照。」

聞言，張弓長迅速端正坐姿，一副乖巧認真的模樣。

「回到剛才輸入名字的那行程式碼。等號左邊是變數名稱 name，而等號右邊則是 input() 函式，用來**從鍵盤接收使用者的輸入**。

「當程式執行到這裡時，會停下來等待你輸入資料。並且在你輸入完並按下 Enter 鍵之後，將資料指派給等號左邊的變數。

而小括號中的『"你的名字："』是提示訊息，讓使用者知道該輸入什麼內容。」

張弓長順著伊努的解說思考著：「也就是說，當我輸入完名字，按下 Enter 鍵，變數 name 就代表著我的名字『張弓長』了。」

「是的。這樣一來，我們就可以在這個程式檔案的其他地方使用這個變數，以取得你的名字。」

經過這番詳細說明，張弓長才驚覺，短短一行程式碼竟蘊含如此多的基本觀念，讓伊努足足花了半個鐘頭才講解完。

「不行了，我需要休息一下，資訊量太大，腦袋無法負荷啊啊啊 ——」張弓長一頭倒在桌上，稍早鼓起的幹勁在一行程式碼的摧殘下已消失殆盡。

這時，伊努似乎想起了什麼，從口袋裡掏出一小包餅乾，遞到正在鬼叫的張弓長面前。「要吃嗎？焦糖脆片。」

後者瞬間停止哀號，從座位上彈了起來，兩眼放光地盯著那包餅乾。「要！我超愛焦糖的！」

「你的情緒變化還真大啊。」伊努笑了笑，拆開餅乾的包裝，將其放在桌上。「想吃多少自己拿。」

此刻的張弓長，就像一隻等待被餵食的大型犬，彷彿都能看到他身後搖晃的尾巴。

「感恩伊努，讚嘆伊努！」他雙手捧著一片焦糖餅乾答謝道，隨後才戀戀不捨地放入口中。那滿足的表情讓伊努忍俊不禁，心想：『以後多買點甜食來鼓勵他好了。』

「話說老大，我好意外你是那種會隨身攜帶小甜食的人。」張弓長一邊嚼著伊努的「恩賜」，一邊說著：「其實我一開始覺得你沉默寡言又氣場強烈，還有點怕你哩；但你在教我程式的時候，卻又很有耐心。

「不過，最反差的還是你的口袋裡有焦糖餅乾這件事，嘻嘻。」

其實張弓長不好意思說出口的是，誠如閻王所言，伊努確實是一個非常溫柔的人，只是這種溫柔表現得不明顯而已。

「工程師嘛，需要適時補充能量，否則會電力不足。」說話的同時，伊努把整包餅乾遞給張弓長。「剩下的都給你，吃完再繼續努力。」

「謝謝老大！」他接過餅乾，再順手將其放回桌上，笑著提議：「我們一起邊吃邊寫吧！」

然後他看向電腦螢幕，指著剛才那行程式碼中 input() 函式裡的 "你的名字："，問道：「對了，包住這幾個字的兩個引號是做什麼用的？」

「這是**字串（string）型別**的標記方式。由一對單引號『'』或雙引號『"』包夾的文字、數字或符號，就稱為字串。」

「型別？」又出現了新的名詞，張弓長歪著頭感到困惑。

「是的，**每個變數都有它的資料型別**。最常見的有四種，分別是**字串、整數、浮點數和布林值**。我們可以使用 type() 函式來檢查變數的資料型別，像這樣 ——」

```
# 型別 - 字串
print(name)
print(type(name))
```

張弓長
<class 'str'>

伊努看著執行結果說道：「第一行輸出了變數 name 的值，也就是你的名字。而第二行的 <class 'str'> 表示這個變數的資料型別是字串（string）。」

張弓長思索一會又問：「那我可以把名字跟其他文字接在一起嗎？像是『張弓長你好』之類的。」

伊努壞笑，「當然可以，來試試這個 ——」

```
print(name, "歡迎來到地獄 :)")
```

張弓長 歡迎來到地獄 :)

然後指著螢幕上的輸出內容解釋：「在 print() 函式中，逗號用來分隔不同的內容，程式會依序輸出這些內容，並且在每個內容之間自動加入一個空格。

「如果不想要這個空格，可以改用『＋』運算子來連接字串，這種
方法需要我們自己手動處理空格。我再給你看兩個例子 ——」

```
print(name + "歡迎來到地獄 :)")
print(name + " 歡迎來到地獄 :)")
```

張弓長歡迎來到地獄 :)
張弓長 歡迎來到地獄 :)

「這樣明白了嗎？空格在字串中是個重要的元素。如果將剛才的空
格處改成特殊字符『"\n"』，就可以**換行** ——」

```
print(name + "\n歡迎來到地獄 :)")
```

張弓長
歡迎來到地獄 :)

「我理解了。不過最後那個笑臉怎麼越看越嘲諷啊？」

伊努則是露出一個和螢幕上一模一樣的微笑，對著他說：「張弓
長，歡迎來到地獄。」

「……」張弓長一時語塞，只能無奈地苦笑。

就在兩人沉默的片刻，404 號小木屋的房門突然傳來鑰匙的鎖門聲，隨後是門把被轉動的聲音，以及低沉的男性嗓音：「あれ？おかしいな……（欸？奇怪？）」

屋外的男子疑惑地開了鎖，小心翼翼地推開房門，再探頭看了看屋內，這才鬆一口氣。

「我還以為小木屋遭小偷了，正想著家徒四壁到底能偷什麼，原來是你啊，伊努。」他安心地關上門，脫去鞋子。

「話說，你私闖民宅做什麼？」他走向右邊床位的同時還不忘詢問伊努的意圖。這時，他才注意到坐在另一側的張弓長，轉而詢問伊努：「請問這位是……？」

「他是你的室友。」

張弓長連忙站起身子，伸出右手。「你好，我是張弓長。」

對方微微一笑，雙手握住他的手，鞠躬回應：「初次見面，我是阿部，敝姓阿部名邢。很抱歉身上沒有名片。」

「阿部……邢？好特別的名字。」張弓長正努力控制自己的面部表情，盡可能不表現得失禮。

伊努在一旁冷冷地吐槽：「嚴格來說，你沒有資格說別人。」

聽到這話，阿部故作神秘地靠近張弓長，小聲在他耳邊說：「其實啊，『伊努』聽起來像是日文的『狗』，所以他也沒資格說我們。」

「我都聽到了好嗎？」伊努無奈地嘆了口氣。「取這個名字，只是想自嘲下地獄還得繼續當社畜罷了。」

「那你活著的時候叫什麼名字啊？」張弓長忍不住問道，說不好奇那肯定是假的。

「我不知道，也可以說是我忘記了。」

「咦？難道你不記得在人間的事嗎？」張弓長驚訝地問。畢竟自己對於人間的記憶都還那麼清晰，本以為地府工程師也是如此。

「是啊。喝了小孟姐的特調精力湯後，閻王告訴我，因為我生前是個工程師，罪刑也不重，所以判我到第 0 層地獄工作，也就是所謂的『地府工程師』。

「為了讓我能夠協助地府的科技發展，閻王恢復了我在軟硬體技術面的知識，但其他的記憶……全都被抹去了。」

「那……你也不知道自己的年紀，或者當初怎麼離世的嗎？」張弓長忍不住問出口。

伊努點了點頭，神情有些落寞。「是啊。但最悲傷的是，我連家人、朋友，甚至愛人都不記得了。在這裡就像全新的開始，卻也讓人不知道自己究竟是為了什麼而努力。」

聽到這裡，張弓長垂下頭，內心百感交集。

「你們吃飯了嗎？」阿部問道。他希望大家別沉浸在負面情緒裡。對他而言，來到地府就像出國一樣，儘管人生地不熟，卻也充滿新鮮感，就像他當年隻身前往台灣求學一樣。

「還沒耶，今天一整天都沒吃，但也沒有感覺到餓。」張弓長摸了摸肚子上的腹肌線條，滿意地傻笑了下。

「啊，伊努沒告訴你嗎？來到地府後，其實不需要進食，也不會有飢餓感或飽足感。」

「咦？那為什麼還要問我們吃了沒？」張弓長疑惑地問。

「阿部很注重三餐和作息的規律，可能是因為快要 40 歲了吧，呵呵。」

「我以前有胃食道逆流和胃潰瘍，醫生叮囑我要定時少量進食，久而久之就養成習慣了。」阿部苦笑了下。「順帶一提，我是前幾天趕工期三天三夜沒睡覺才昏倒的，醒來就在地府了。」

「太慘了吧！工作壓力這麼大嗎？」這種身不由己的悲哀，還沒正式踏入社會的張弓長又怎麼能體會呢？

「是啊，我反而覺得在這裡的日子比較輕鬆呢。」阿部感慨。

此刻的張弓長心想，或許在面試前就來到地府，對他來說是一種幸運。

看著面前的兩人，有在地府工作賺錢的伊努突然提議：「今天晚餐我請客吧，訂個外送，大家開心一下。」

『畢竟沒有什麼煩惱是一頓飯解決不了的，如果有，那就吃兩頓。』

「欸？不是說不用進食嗎？」張弓長滿臉疑惑，顯然對這前後不一的說法感到有些混亂。

「就算不會肚子餓，但 coding 太累的時候，還是需要補充點糖分來提神醒腦。而且，偶爾聚餐也是在地府少數的樂趣之一。」伊努一邊滑著手機上的外送 APP，「訂鹹酥雞和珍奶如何？」

張弓長舉起雙手雙腳表示贊成。「好耶！珍奶珍奶珍奶！」

看著他今日對食物的熱情反應，伊努暫且得出一個結論：『看來這傢伙是甜食黨。』

「我剛剛已經吃過豆腐沙拉了，你們吃就好。」37 歲的阿部深深明白，這種年輕人的垃圾食物局沒有他參與的必要性，索性走回他的座位，打開筆電準備練習程式。

「人要服老啊。」伊努調侃道，「好啦，幫你訂一杯無糖的熱普洱茶，低咖啡因，喝了比較不會睡不著。」

「謝了，伊努。」

外送餐點送達後，三人席地而坐，邊吃邊聊。張弓長和阿部時不時提起人間的趣事，這讓伊努感受到一種熟悉又遙遠的親切感。他只是在一旁靜靜聆聽，享受著此刻的歡愉氣氛。

吃飽喝足後，伊努提醒張弓長需盡快完成資料登錄，否則他將無法在地府自由行動或者休息。

阿部則在喝完茶後趕著去洗澡，因為他發現小木屋越晚熱水供應越不穩定。無論哪個季節，他都無法接受洗冷水澡。

準備動工的兩人回到張弓長的座位上，打算加快速度將資料輸入完畢。

「接下來要輸入你的年齡。我們還是使用跟剛才一樣的 input() 函式來輸入，不過這次需要定義一個新變數 age 來代表你的年齡值。」

「為什麼要定義新的變數？」張弓長好奇地問。

「因為**在同一個程式中，已定義的變數可以在後續儲存格中使用。**如果我們沿用 name 來代表年齡值，你之前輸入的名字就會被年齡覆蓋掉。」

「懂了。那這次我想自己先試試看。」張弓長思考片刻，才按下「+程式碼」，在新增的儲存格中輸入：

```
# 輸入年齡
age = input("你的年齡：")
```

按下執行鈕後，他在儲存格下方「你的年齡：」右側的方框中填入「22」。

伊努若有所思地看著他，說道：「原來你才 22 歲，這麼年輕。這個年紀應該才剛大學畢業吧？」

「對啊，去年畢業，今年剛當完兵。」剛回應完，張弓長馬上意識到自己輸入錯了。「欸不對，我剛過完生日，已經 23 歲了。慘了這樣還能修改嗎？」

「別緊張，可以的。在這之前，你先用程式顯示目前變數 age 的值。」

接到指令的張弓長迅速在新的儲存格中打出：

```
print(age)
```

執行後，儲存格下方顯示「22」。

「現在，你再執行一次剛才的 age = input("你的年齡：")。這次輸入正確的年齡，然後再執行 print(age)，看看會發生什麼事。」

張弓長照做，接著看到儲存格下方顯示的年齡變成了「23」。

「當你再次使用『=』對變數 age 賦值，原本的值就被新的值取代。」

「所以變數的值可以隨時被更新囉？」

「沒錯。也因為這個特性，一旦變數值被新的值覆蓋，原本的值就無法找回了。所以，我們才會用不同的變數來代表不同的資料。」

「我懂了！」張弓長興奮地說。

看著他漸入佳境，身為程式指導員的伊努倍感欣慰。「很好。接著，我們來檢查一下 age 的資料型別，還記得怎麼做嗎？」

「用 type() 函式對吧？」張弓長瞄了一眼桌上的筆記，回答道。然後在新的儲存格中輸入與執行：

```
print(type(age))
```

<class 'str'>

他皺起眉頭，「我輸入的明明是數字 23，為什麼還是顯示字串型別？」

「這是因為 input() 函式會把輸入的任何內容，都當作字串來處理。也就是說，即使你輸入數字，最終還是會被當作字串來儲存。」

「那我該怎麼把它變回數字？」

「你需要進行**型別轉換**。使用 int() 函式就可以把字串轉換成整數，像這樣——」

```
# 型別轉換 - 整數
age = int(age)
print(type(age))
```

<class 'int'>

　　伊努指著螢幕上的輸出結果，向張弓長解釋：「剛才我用 int() 函式，把小括號內字串型別的 age 轉換成**整數（integer）型別**，並把這個整數值指派給等號左邊的變數 age。這樣，原本是字串的 age，就被轉換後的整數覆蓋了。

　　「而輸出的 <class 'int'> 表示變數 age 的資料型別是整數（integer）。

　　「順帶一提，除了 int() 之外，還有其他型別轉換函式。像是 float() 可以將字串或整數轉換成浮點數，str() 可以把數字轉換回字串。這些函式都很實用。」

　　張弓長點了點頭，認真地在紙上記下了這些知識。

　　伊努喝了一口水，問道：「不過，你應該還沒聽過**浮點數（float）型別**，對吧？」

　　「嗯，這是什麼？」

　　「浮點數是指有小數點的數字。舉個例子，你先定義一個新的變數，變數的值是你在人間的月薪，以『萬元』為單位來表示。」

「這個簡單！」張弓長信心滿滿地敲打鍵盤，輸入並執行：

```
# 在人間的月薪（萬元）
salary = 0
print(salary)
print(type(salary))
```

```
0
<class 'int'>
```

看著這個數字，伊努難以置信地說：「不會吧……你的薪水是 0？你這樣是怎麼活下來的？」

張弓長不好意思地笑了笑：「嘿嘿，我才剛當完兵，還在找工作啊。」說完，他還自嘲地比了個大拇指：「耶！我就爛！」

伊努無奈扶額，搖了搖頭。「好吧，那你填當兵時的薪水好了，聽說當兵好像有一點微薄的薪水？另外，使用 print() 輸出時，可以加上一些提示文字，像是再多顯示『在人間的薪水』之類的。」

「遵命，老大！」張弓長修改程式碼，再次點擊執行：

```
salary = 0.65
print("在人間的薪水：" + salary + "萬")
print(type(salary))
```

```
TypeError: can only concatenate str (not "float") to str
```

「這是什麼意思？」沒看過程式輸出錯誤訊息的他，立刻向伊努求助。

而後者笑著解釋：「這是因為你嘗試用『+』連接字串和浮點數，但 Python 不允許直接這麼做。不過，我們可以用剛才提到的方法解決這個問題。」

說完，伊努把張弓長的程式碼稍作修改，然後執行：

```
# 型別 - 浮點數
salary = 0.65
print("在人間的薪水:" + str(salary) + "萬")
print("在人間的薪水:", salary, "萬")
print(type(salary))
```

在人間的薪水:0.65萬
在人間的薪水: 0.65 萬
<class 'float'>

接著說明：「第一種是使用『+』連接多個字串的方法，只要先用 str() 函式將浮點數的 salary 轉換成字串，就不會出現錯誤訊息了。

「第二種是今天也有介紹過的方法，使用逗號來分隔不同內容，就可以同時輸出不同型別的資料。」

「哦，原來。」張弓長又指著 <class 'float'> 的輸出內容，問道：「那為什麼用了 str() 轉換後，salary 的型別還是浮點數，而沒有變成字串？」

「這個問題問得好。」伊努讚許道。「str(salary) 只是臨時將 salary 轉換成字串，用於當下的串接，但這不會改變 salary 本身的型別。如果你想改變它的型別，就需要像剛才的 age 那樣重新賦值——」

```
# 型別轉換 - 字串
salary = str(salary)
print(type(salary))
```

<class 'str'>

「啊對，**如果沒有重新賦值，變數的值就不會改變**。」張弓長豁然開朗。

過了幾秒，他才突然反應過來，「等等，輸入姓名和年齡都很合理，但為什麼要輸入我在人間的薪水啊？還強調不能是 0 ！」

伊努露出神秘的微笑，「這個嘛……你明天就會知道了。」

「欸！不要賣關子啦！」張弓長不死心地追問，「該不會有什麼陰謀吧？」

「保持一點神秘感，明天會有驚喜的。」

見伊努不願多說，張弓長也拿他沒轍，只好作罷。

完成了姓名、年齡和薪水的輸入之後，張弓長已經認識了字串（string）、整數（integer）和浮點數（float）。伊努特別提醒他，除了變數的使用，熟悉這些常見的資料型別也是程式設計的基本功。

「最後一步，我們要輸入你的性別。這次會使用**布林（boolean）型別**來處理。」

「布林……？」張弓長完全無法從字面上理解這是代表何種資料的型別。

看到他滿臉困惑，伊努解釋：「這是用來表示真或假的型別，會以 True 代表『真』，False 代表『假』。這兩個都是 Python 的**關鍵字**，必須注意大小寫；如果大小寫有誤，程式就會出錯。」

說完，伊努在新的儲存格中輸入與執行程式碼：

```python
# 型別 - 布林
male = True
print(type(male))
```

<class 'bool'>

確認執行結果無誤後，伊努接著說：「布林值有個特性。舉個例子，如果『你的性別是男生』這個敘述為真，那麼通常『你的性別是女生』這個敘述就為假，也就是 False。而在這種時候，我們可以使用『not』邏輯運算子來**反轉布林值**，像這樣 ——」

```
# 反轉布林值
female = not male
print(female)
print(type(female))
```

```
False
<class 'bool'>
```

張弓長瞪大雙眼，沒想過竟然有這麼特別的變數賦值方式。

面對那張看了無數次卻依然有趣的浮誇表情，伊努笑著解釋：「一般來說，我們可以用『B = A』將變數 A 的值指派給變數 B，讓 B 的值與 A 相同。

「而在布林型別中，not True 就是 False，not False 就是 True。所以我們可以用 female = not male，將 male 的相反值指派給 female。」

「太帥了吧！」

又被張弓長的反應逗樂的伊努拍了拍他的肩，道：「短時間內就認識了變數以及四種常見資料型別的你也很帥。」

沒等對方反應，他又接著說：「所以，明天也要乖乖學 Python，繼續帥下去。」

「啊——可惡，我還以為你是真心誇獎我哩！」

「我是在誇獎你沒錯啊。」伊努笑道。「好啦，資料也剛好建檔完成了。最後一步，只要把儲存在 Google 雲端硬碟的『login.ipynb』檔

案開啟『共用』，然後把共用連結傳給地府人事部，他們就會立即將你的資料另存成副本，登錄到系統裡。」

「做完就可以下課了嗎？」張弓長滿懷期待地問。

伊努站起身，伸了個懶腰，語氣中隱隱透出幾分愉悅：「沒錯，我也可以下班了！」

「太好了！伊努，謝謝你！」張弓長這才鬆了一口氣。然後以最快的速度依照伊努的指示，將雲端共用連結傳送給地府人事部。

見狀，伊努拎起背包準備離開，並對著張弓長和洗完澡的阿部說：「那我先回去了。我住在 087 號房，你們如果有問題可以來找我。不過距離這裡有點遠，而且我經常不在家……」

突然發覺這個提議不太可行的他思索片刻，又說：「或者，你們也可以傳訊息給我……呃不對，你們沒有手機，只能用筆電發 mail。算了，隨緣好了。」

「沒問題的！老大你放心，就算天涯海角我都會找到你的。」說完，張弓長還比了個敬禮的手勢。

「你這樣聽起來很像冤魂。」阿部忍不住敲了下他的頭。

看到他們有趣的互動，伊努忍不住笑出聲：「擔任你們的程式指導員還真不錯。那麼，明天見。」然後指向張弓長，「明天下午我會來這裡找你，記得不要亂跑。晚安。」

說完，伊努揹起背包，微笑著走出待了一整天的 404 號房。

張弓長的碎碎念

今天真的很詭異，一天之內居然發生了這麼多事。

早上的我還在台南，在步行前往英語補習班面試的路上，一邊練習著自我介紹。結果沒想到走在人行道上也會出事，台灣的交通真是可怕。

被撞到的當下，我只記得那個騎著機車上人行道又煞車失靈的阿桑，那驚恐的表情。對，就這樣。醒來我就在地府了。

過分的是來到地府後，還不能休息！必須用 Python 登錄完資料才能睡覺，真是沒良心。

害我在短短一天內學了怎麼編寫程式碼，還學了**變數和輸入輸出的觀念，接著又認識了四個資料型別──字串**（string）、**整數**（integer）、**浮點數**（float）**和布林值**（boolean）。說真的，資訊量太大了！

說到這裡，突然想到，那我的面試怎麼辦啊？雖然是因為交通事故而缺席，但昏迷的我也沒辦法向補習班解釋啊。放別人鴿子這種事會讓我很愧疚耶……

還有，我的家人和女友該怎麼辦？現在人間的我到底是什麼慘狀？

啊啊──不能聯繫人間真的好煩！好想告訴他們其實我還活著，過不久就能回去了，不要擅自以為我死掉了。希望我的爸媽還有小黑不要傷心流淚，也希望我的女友不要輕易放棄這段感情啊……

伊努說有聯繫人間的方法，我真的好想知道啊！

說到伊努，他給人的第一印象真的看起來不好惹，是個冷酷又認真的帥哥工程師。但在教我程式碼的時候，發現他其實很用心，也不會對我生氣，重點是他還會請我吃餅乾，好人認證！

比較讓我意外的是，他跟阿部的互動好幼稚啊，就是兩個大男孩在鬥嘴的感覺，都幾歲了。

不過，其實我不知道伊努現在到底幾歲，因為他已經失去了人間的記憶，關於年齡大概也不得而知。但能夠和現在的他這樣相處，其實也不錯。

如果之後真的能夠回到人間，我想，我第一個想念的人應該會是他吧。

再來說說我的室友，阿部。他是個日本大叔，中文意外地說得很好，而且他會的成語比我想像中還多。

我以前沒有交過日本朋友，原本以為日本人會再更拘謹一點，但他給人的感覺很隨和。應該是個好人吧？希望能和他好好相處，畢竟他是我第一位日本朋友。

總之，這樣一天下來，覺得來地府這一趟也算值得。

首先，我可以學到程式。再者，回人間後，還可以跟家人分享真正的地府與傳說中的差別。能夠和他們分享這段旅程的種種，光想就覺得興奮。

既來之則安之，我還是想要快樂地過每一天！

地府村民交流魍 > 程設板

分類	Colab
作者	inuqq
標題	[教學] Google Colaboratory 的使用方法

Google Colaboratory 簡稱 Colab，其特色是在瀏覽器中編寫與執行 Python 程式碼，新手友善，無需安裝 Python 至本機，也無需進行任何額外設定。

我們還能將編寫的 Colab 筆記本與他人共用，也可在程式中讀取存放在雲端硬碟中的檔案；此外，Colab 甚至可免費支援使用 GPU 加速運算，對於效能不佳的電腦而言無疑是個救星。

那就，開始吧 :)

Step 1 登入 Google 雲端硬碟，才能在此新增 Colab 筆記本。

Step 2 若為第一次使用，請先點擊介面左上方的「+ 新增」，接著點選「更多 / 連結更多應用程式」。

Step 3 在開啟的 Google Workspace Marketplace 中，輸入「Colaboratory」並搜尋此應用程式，再點擊安裝。

Step 4 成功安裝後，即可回到 Google 雲端硬碟，並點擊「+ 新增 / 更多 / Google Colaboratory」以新建 Colab 筆記本。

點擊開啟此筆記本，會看到如下的畫面：

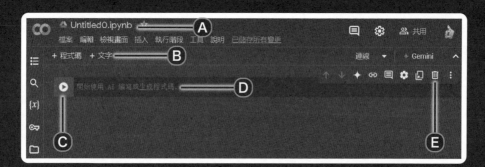

圖片說明

(A) 可在此修改筆記本名稱（需保留副檔名 .ipynb）

(B) 點選以新增程式碼儲存格／文字儲存格

(C) 播放鍵 aka 程式執行鈕（快捷鍵 Ctrl + Enter）

(D) 編輯區域

(E) 刪除儲存格

Colab 筆記本是 Google Colab 平台上用來編寫程式的工具，它使用的檔案格式是 Python Notebook（.ipynb）檔案。

簡單來說，Colab 筆記本就是我們在 Colab 上看到的互動式編程環境，而這些筆記本檔案存成的格式就是 .ipynb。

你可以把它看成是專門用來寫程式、加筆記、執行程式碼的檔案，特別適合學習和分享程式設計。

在這個互動式環境中，我們可以在程式碼儲存格中撰寫並執行程式碼。編寫程式碼之後，點擊左方的播放鍵就能執行程式碼，執行完畢會自動在該儲存格下方顯示執行結果。如下圖：

雲端共用

與他人雲端共用 Colab 筆記本的方法如下：

請先點擊檔案右上方的三個圓點，接著點選「共用 / 共用」，即可新增使用者（以對方的 mail 來新增）。此外，還能設定該使用者的權限為「檢視者 / 加註者 / 編輯者」。

若是想以共用連結來分享此 Colab 筆記本，請將「一般存取權」處的
「限制」改為「知道連結的任何人」，再按下最下方的「複製連結」即
可。

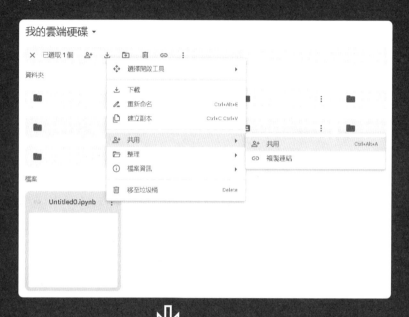

推 yamaraja666：Colab 現已整合 AI 程式生成工具，因此在編寫程式碼時，會看到 AI 預測的灰色斜體程式碼喔！

按 Tab 鍵即可接受 AI 預測的程式碼，原本的灰色斜體字就會轉換成彩色正體字。

下篇文章會說明 Colab AI 的使用方法。

推 yamaraja666：有乖乖工作呢！好棒好棒！

推 meng：推 Google 頭貼小鮮肉帥哥。

地府村民交流魍 > 程設板

分類	Python
作者	changchang
標題	［筆記］輸出、輸入、變數與基礎資料型別

安安大家，我是今早被機車撞昏而莫名來到地府的菜逼八。

聽說要學完 Python 才能回到人間，因此決定把我的學習筆記寫在這裡。如果也能幫助到同為程式小白的你，那我會很開心。

print() 輸出

print() 是我學到的第一個 Python 函式，它可以把你想要顯示的內容「打印」到畫面上，方便我們查看一些資訊或變數的值。

範例程式：

```
print("Hello Hell!")
```

注意事項：

- 可用特殊字符「"\n"」將文字換行。

- 若要用 print() 輸出不同型別的內容，可用「,」在小括號內做區隔。

input() 輸入

input() 是用來接收使用者從鍵盤輸入的值，比如讓程式問你名字，然後你回答。

範例程式：

```
name = input("你的名字：")
print(name, "你好！")
```

注意事項：

● 使用者輸入的東西會被當作「字串」處理。

● 不要忘了加上提示文字，否則輸入的時候你自己都不知道要打什麼（比如上面的 "你的名字："）。

變數

變數就像給資料掛上一個名牌。我們可以把任何資料透過賦值運算子「=」指派給變數。同一個檔案中，已定義的變數也能在後續程式碼中隨時取用，或是更改。

範例程式：

```
age = 23  # 把年齡存到變數 age 裡
print(age, "歲")  # 會輸出 23 歲
```

注意事項：

● 上面那個『#』是註解符號，程式不會執行註解符號後方的那行文字。

● 變數名稱可以自己取，但要有意義（例如 age 是年齡，比 a 清楚多了）。

● 大、小寫不同，代表著不同的變數。

● 變數名稱不能用數字開頭、不能包含空格，也不能使用 Python 的保留字。

基礎資料型別

Python 有幾種基本的資料型別，以下是我目前學到的：

1. 字串（String）

用單引號或雙引號包起來的文字、數字等，都是字串，例如 "地獄"、
'23'。

2. 整數（Integer）

沒有小數點的數字，例如 23、520。

3. 浮點數（Float）

有小數點的數字，例如 169.5、3.14。

4. 布林值（Boolean）

只有兩種可能值：True（真）或 False（假）。

範例程式：

```
name = '蔡逼八'   # 字串
age = 23  # 整數
my_height = 169.5   # 浮點數
isMale = True  # 布林值
```

補充說明：

● 可以用 type() 函式來查看變數的資料型別，例如：

```
print(type(age))   # 會顯示 <class 'int'>
```

- 可以用「+」來連接字串，用「*」來重複字串，例如：

```
print("Hello" + " Hell" + "!")  # 會輸出 Hello Hell!
print("!" * 3)  # 會輸出 !!!
```

- 資料型別不同時，有些操作是不能直接進行的，比如字串和數字不能用「+」連接。但是可以透過 int()、float() 或 str() 函式轉換型別後連接，例如：

```
print("我" + str(age) + "歲")  # 會輸出 我23歲
```

最後，

因為我現在還很菜，如果有寫錯的或是任何想補充的，可以直接在下面留言。

以上，謝謝大家 XD

推 inuqq：頭香。認真的孩子。

第二章

來到地府也要會做
條件判斷

由於昨日的行程過於匆促，再加上接收了大量資訊，用腦過度，累壞的張弓長睡得十分安穩，一夜好眠。

反觀阿部，卻是輾轉難眠。半夜醒來不下五次，不知道究竟是因為屋內多了一位室友的不自在，還是睡前那杯普洱茶的咖啡因作祟。總之，天還未亮，他就已睜開了雙眼，以極度厭世的眼神盯著木質天花板。

盯了一會兒仍沒有睡意，他索性爬下床，打開筆電。

你以為他要繼續練習程式嗎？不，他打開了影音串流平台，搜尋「大悲咒」。抱持著要麼吵醒、要麼超渡這位正呼呼大睡的室友的心態，阿部惡趣味地按下播放鍵，並將音量調到最大。

還記得兩天前，他天真地以為地府的影音串流平台會是他無趣生活的救贖，殊不知打開後，能搜尋到的音樂或影片無非與佛法相關。其中比較特別的，也只有閻王親自拍攝的程式教學影片、小孟姐的烹飪節目，以及她們兩人的地府生活 vlog。

「這些影片不能只有我看到。」阿部悄悄爬上室友的床位，盯著他的睡顏，期待看到他被「大悲咒」喚醒時的表情。

「※ ＃△&☺❀卍☯……」只見張弓長依然睡得香甜，嘴裡念念有詞，但聽不清楚他在嘀咕些什麼。

阿部湊近一些，想聽得更清楚。不聽還好，一聽不得了。他瞪大雙眼，難以置信地驚呼：「太扯了！竟然跟著一起念大悲咒！」

張弓長反而被阿部的這聲驚呼吵醒，揉了揉惺忪的睡眼，打趣道：「哇，偷看我睡覺的變態——」

接著他豎起耳朵，仔細聆聽周遭的聲音，問道：「咦，這裡早上起床要念大悲咒嗎？你們怎麼沒告訴我？」說完，他雙手合十，虔誠地跟著阿部播放的影片一起誦經。

「……」面對眼前的荒誕情景，飽經世故的阿部一時之間竟不知該作何反應。

所幸這時大悲咒剛好播完，他正想說點什麼，卻被張弓長搶先。「唉，從一半才開始念，感覺很不敬耶！而且，你怎麼沒一起念？」

「呃……」阿部一時語塞，不知道該從何解釋起，乾脆轉移話題：「先別說這個了，你能不能陪我去吃早餐？」

「噢，好啊！」張弓長立刻爬下床，將念經的事拋諸腦後。

『這個人的頭腦好簡單……』阿部搔了搔頭，感覺自己似乎找到與張弓長相處的方法了。

簡單洗漱後，兩人一同離開溫馨的 404 號小木屋。

阿部帶著張弓長走向小木屋附近的一間早午餐店。他推開店門，對張弓長說：「這是我昨天閒逛時發現的店，他們有賣日式早餐，所以想來試試。」

剛踏入店裡，看到正在開放式廚房內忙碌的主廚，張弓長既興奮又驚喜地喊道：「小孟姐！妳怎麼會在這裡？」

「在顧店啊。」小孟姐一邊回應，一邊熟練地在平底鍋煎著鮭魚和鯖魚。「帥哥們，想吃點什麼？」

兩人翻了翻菜單，對視一眼。阿部率先開口：「我要一份紫蘇梅飯糰和一杯無糖焙茶。」然後轉頭看向張弓長，「你還沒領冥幣吧？這頓我請，就當作賠罪。」

「賠罪？」還沒搞清楚他要賠什麼罪的張弓長，在小孟姐的催促下，先匆匆點了一杯拿鐵。

「你不吃東西？」阿部問。

「對啊，反正也不會餓嘛。」說完，他們挑了吧台的座位坐下。

椅子還沒坐熱，張弓長就單刀直入地問：「你剛剛說要賠什麼罪啊？」

一旁的小孟姐在包著飯糰的同時，興致勃勃地豎起耳朵，毫不掩飾地偷聽他們的對話。

　　雖然一早成功讓張弓長不再追問，但好景不長，看來方才哪壺不開提哪壺的自己還是得老實招了。「就是⋯⋯那個，其實在地府，早上不需要念大悲咒。」

　　「啊？那你幹嘛播？」

　　「我只是把它當作鬧鐘叫醒你。」阿部吞吞吐吐地說，「叫不醒的話就⋯⋯超渡你⋯⋯」

　　「噗哧。」廚房傳來小孟姐憋不住的笑聲，兩人很有默契地抬頭看向她。

　　「你們繼續，我沒在聽。」小孟姐強壓住嘴角的笑意胡說八道。

　　兩人互看一眼，明顯不相信小孟姐所言。但現在重點是眼前的問題。「叫醒我可以理解，但超渡我是怎麼回事？」

　　話音剛落，廚房再次傳來微小的笑聲，只見小孟姐顫抖著肩膀，努力憋笑。

　　「因為你睡得太沉了，我想說如果沒有呼吸心跳的話可以順便⋯⋯」阿部尷尬地解釋。

　　「啊哈哈哈你們兩個太可愛了！」小孟姐終於忍不住放聲大笑，同時送上阿部的餐點。

然後她對張弓長眨了眨眼，說：「早上有念大悲咒的客人，飲料可以免費升級大杯喔！所以，張張，你的拿鐵要再等一下喔！」

「張張？」這次換阿部挑眉看向張弓長。

「呃，這是閻王姐姐幫我取的綽號……」

「原來如此，張張。」以為用綽號稱呼是友好的表現，阿部親切地對他微笑。

連阿部都開始這樣叫他，這讓張弓長心情複雜，啼笑皆非，幾乎快放棄抗拒這個難聽的綽號了。

回到 404 號小木屋，張弓長獨自盯著昨日的程式碼發呆。突然，一陣敲門聲喚回了他的意識。

他連忙起身前去應門，見伊努站在門外，便充滿朝氣、精神抖擻地向他打招呼：「早安老大！今天又是美好的一天！」

「已經下午了……」伊努無奈地走進屋內，環顧四周，問道：「阿部不在嗎？」

「對啊，他早上請我喝完拿鐵後，說有事要辦，讓我自己先回來。」

「哦？他請客？」伊努對此感到有些意外，但更在意的是張弓長居然會喝拿鐵。

「對啊！而且我們在早餐店遇到小孟姐耶，她還說念大悲咒可以免費幫我的飲料升級成大杯，超鬧的！」張弓長興奮地分享著，「還有啊，我回來的路上還迷路了，幸好有個好心的路人帶我回來。跟你說，她也是台灣人耶，不過我忘記問她的名字了。」

「一早就過得這麼開心嗎？」伊努神情柔和地笑著，「不過，我們得繼續學程式了，這樣會不會壞了你的好心情？」

「不會不會，雖然有點燒腦，但為了回到人間，這點犧牲還是必要的。」他認命地回到座位前，順手拉過室友阿部的椅子，輕拍了下，然後對著空氣道了聲「謝謝阿部。」

伊努坐下，開口道：「那麼，我們就從昨天提到的，為什麼薪水不能填『0 萬』開始吧。還記得這件事嗎？」

見對方點頭，他接著說：「為了讓你們這些剛來地府的人能夠品嘗小孟姐的手藝，或是購買換洗衣物、日用品、武器，甚至寵物，閻王特別設計了一個根據你們的年齡和月薪來計算的冥紙換算公式。」

「有錢拿？！」張弓長的眼睛瞬間亮了起來。

「是的，有錢。不過，這筆錢只會發放一次，如果用完了，就需要去商店街或農田打工。話雖如此，這些冥紙至少足夠你們在這裡生活一個月。這是冥紙換算公式 ——」

由於公式較為複雜，伊努決定寫在紙上：

$$\$ = 80 \times \left(\frac{48}{salary} \right)^{\sqrt[4]{age}}$$

「哇……看不懂。」張弓長盯著公式，兩眼發直、目光呆滯，腦子裡的齒輪瞬間停止運轉。

「先別緊張。」伊努安撫道，「還記得以前學過的『分母不能為 0』嗎？這就是為什麼我昨天說 salary 不能填 0，否則小括號裡的 48 除以 salary 會無法計算。」

經過他的說明，張弓長茅塞頓開，並開始試著以自己的力量理解公式。「那像我這種月薪不到一萬的人，算出來的冥紙會很多吧？」

「沒錯，所以給你們填寫的 salary 其實是有設定上下限的。而你的月薪剛好在下限，算起來你可以領到的冥紙應該會是一筆可觀的數字。」發覺張弓長的學習能力不錯，伊努逐漸增加解說內容的難度。

然而，這段說明卻讓張弓長又慌了。「怎麼辦，我好像聽懂了，又好像沒完全理解。」

見狀，伊努建議：「我們直接在 Colab 上計算，你就會明白了。也順便教你**運算子**的用法。」

接著，他示意張弓長在昨日建立的「Python」資料夾中，新增一個 Colab 筆記本，並更改成容易識別的檔名。

張弓長乖巧地照做，並將檔名改為「hell_money_calculator.ipynb」。

「首先，在這個 Colab 筆記本的第一個程式碼儲存格中，定義 age 和 salary 這兩個變數，並以 input() 函式，讓使用者可以自行輸入這兩個變數的值。」

「咦？我昨天不是已經定義過 age 和 salary 了嗎？為什麼今天還要再定義一次？」張弓長對此感到有些疑惑。

「每當新增或重新啟動 Colab 筆記本時，之前執行過的變數和它們的值都會被清空。這是因為它們存在於記憶體中，而記憶體釋放以後，這些變數自然就消失了。

「所以，每次新建檔案時，會需要重新定義變數；重啟檔案時，則會需要再次執行先前的程式碼。」

理解之後，張弓長便開始執行伊努今天賦予他的第一個任務：

```
age = int(input("你的年齡："))
salary = float(input("在人間的薪水（萬元）："))
```

你的年齡：23
在人間的薪水（萬元）：0.65

「不錯不錯，越來越上手了。」伊努看著他編寫的程式碼，滿意地點點頭。

「不過在開始計算冥紙之前，我們需要先檢查輸入的 salary 是否符合條件。剛才有提到地府規定了 salary 的上下限，這是為了避免計算出的冥紙過多或過少，進而影響地府的經濟平衡，或者導致居民的生活受困。」

「你說到這個，我才突然想到。現在人間環保意識提升，提倡減少燒金紙，我一直很好奇，這有對地府造成什麼經濟衝擊嗎？」

「你的腦迴路到底是怎麼回事啊？」這個問題不禁使伊努發笑。「不過話說回來，每逢初一、十五，地府會通膨的這個傳說倒是真的。」

「……」這次換張弓長沉默了。

「通常要過個幾天，物價才會回跌。」

「所以……少燒金紙也許可以減緩通膨？」張弓長認真推論著。

伊努哭笑不得，「等等，這不是重點啦！回到剛剛上下限的部分。」

「啊對，抱歉，離題了。」

「地府規定填寫的 salary 上限為 15 萬，下限則剛好是你們當兵的薪水 0.65 萬。而要檢查是否符合上下限，就需要使用**比較運算子**，也就是**大於、小於、等於**這類符號。」

伊努隨即輸入程式碼示範：

```
# 比較運算子
print(salary <= 15)
print(salary >= 0.65)
```

```
True
True
```

接著，他轉頭看向張弓長，微笑著說：「我什麼都不說，你直接看，然後試著解釋給我聽。」

「啊？」張弓長被這突如其來的要求搞得有些緊張，「說錯了你可不能罵我喔。」

「那就要看你表現囉。」

「好過分。」張弓長深吸一口氣，開始試著解釋：「第一行是檢查 salary 是否小於**或**等於 15。因為我的 salary 是 0.65，符合 salary <= 15 的條件，所以輸出 True。」

聽完之後，伊努露出了滿意的表情：「說得很好。那第二行呢？」

被誇獎的他這次解釋得更有信心：「第二行是檢查 salary 是否大於**或**等於 0.65。因為我的 salary 剛好是 0.65，符合 salary >= 0.65 的條件，所以也輸出 True。」

「沒錯。」伊努讚許地點點頭，接著補充：「剛才，一行程式碼只有檢查一個條件。但若想檢查是否同時符合多個條件時，就可以使用**邏輯運算子**來進行更複雜的判斷，像是使用『and』或『or』。來看看這個例子——」

```
# 比較運算子與邏輯運算子
print(salary <= 15 and salary >= 0.65)
```

 True

執行完程式，伊努才說明：「這行程式碼是同時檢查剛才那兩個條件。只有當 salary 小於等於 15 且大於等於 0.65 時，才會輸出 True。」

張弓長瞇著眼看著螢幕，試圖理解：「也就是說，**當『and』前後兩個條件都成立時才會輸出 True** 囉？」

「正確。**只要其中任何一個條件不成立，就會輸出 False。**」見他逐漸進入狀況，伊努也講解得更加起勁。「接下來還想讓你看看其他不同條件下的輸出結果 ——」

```python
# 比較運算子
print(salary <= 0.65)
print(salary < 0.65)
print(salary >= 0.65)
print(salary > 0.65)
print(salary == 0.65)
print(salary != 0.65)
```

```
True
False
True
False
True
False
```

然後說明：「上面的四種情況，你應該一眼就能明白。會比較陌生的是下面兩種。

「首先，昨天有提到長得像無言表情符號的『==』，這是**邏輯相等**，用來檢查是否左右相等。與其相反的是『!=』，**這是用來檢查左右是否不相等**，若不相等時，就會回傳 True。」

「我懂了。**檢查是否左右相等，是使用兩個等號『==』；而將右側的值指派給左側的變數，則是使用一個等號『=』**，對吧？」

「沒錯，記得不要錯用。」伊努欣慰地點點頭，「那麼，接下來要示範一些結合邏輯運算的程式碼，會看起來比較複雜一點。」說完，伊努舉了三個看起來相像的例子：

```
# 比較運算子與邏輯運算子 - and
print(salary <= 0.65 and salary >= 0.65)
print(salary <= 0.65 and salary > 0.65)
print(salary < 0.65 and salary > 0.65)
```

```
True
False
False
```

「你會發現，使用邏輯運算子『and』時，只有在 and 左右兩個條件都成立的情況下，才會輸出 True；只要其中任何一個條件不成立時，就會輸出 False。更不用說是兩個條件都不成立的情況了。」

接著伊努又執行了三個相似的例子，將所有的「and」都改成「or」，再給張弓長一點時間理解。

```
# 比較運算子與邏輯運算子 - or
print(salary <= 0.65 or salary >= 0.65)
print(salary <= 0.65 or salary > 0.65)
print(salary < 0.65 or salary > 0.65)
```

```
True
True
False
```

待張弓長露出一個恍然大悟的表情後，伊努才接續說明：「邏輯運算子『or』就不太一樣了。只要至少一個條件成立時，就會輸出 True；只有當兩個條件都不成立時，才會輸出 False。

「順帶一提，我們昨天提到的『not』也是邏輯運算子喔。熟悉這些比較和邏輯運算子，對你晚點要學的**條件判斷**會很有幫助。」

聞言，張弓長的表情瞬間垮了下來。「天啊……我還以為今天只要學這些就好……」

「想得美。」伊努壞笑著。

在張弓長吵著要休息，並哀怨地躺在地上打滾、嚷嚷自己命苦的時候，伊努已在寫著公式的紙上寫下了七個常見的**算術運算子**：

+ → 加

- → 減

* → 乘

** → 次方

/ → 除

// → 除法取整數

% → 除法取餘數

「好了，回來。」伊努無奈地叫他回到座位，連哄帶騙地要他乖乖學完今天的進度。「張弓長，你聽好，現在是最關鍵的時刻。我們要用這些**算術運算子**來試算你能領到的冥紙，看看你有多少錢可以揮霍。你也很好奇，對吧？」

見對方乖順地點點頭，伊努知道他上鉤了，隨即面帶微笑地示意張弓長，試著將剛才的冥紙換算公式轉換成程式碼輸入。

同時，他也特別提醒，即使在程式中，也須符合「**先乘除後加減**」以及「**括號中的式子優先計算**」的原則。

$$\$ = \ 80 \times \left(\frac{48}{salary} \right)^{\sqrt[4]{age}}$$

張弓長瞇著眼，看著紙上冥紙換算公式的工整字跡，皺了皺眉：「這公式有點複雜耶，我可以先拆解開來分別計算，再組合起來嗎？」

「當然可以，這也是不錯的初學方法。你可以先將個別計算求出的值，指派給變數。」

```
# 算術運算子 - 冥紙試算
x = 48/salary
y = age**
```

輸入到這裡，張弓長突然愣住，求助於伊努：「這個 age 是開四次方根嗎？這該怎麼表示？」

「是開四次方根沒錯。」伊努說道。「舉個例子，如果是開二次方根，就是寫作開 1/2 次方，也可以表示成 0.5 次方。

「順便補充一下，如果要變成倒數，就是開負數次方。像是 4 的 -1 次方等於 1/4，4 的 -2 次方等於 1/16。」

被喚起初中數學記憶的張弓長迅速將輸入到一半的程式碼編寫完成：

```
# 算術運算子 - 冥紙試算
x = 48/salary
y = age**(1/4)
hell_money = 80*(x**y)
print(hell_money)
```

987673.7765256036

「個十百千萬十萬……哇，這到底是什麼超級精確的天文數字！」張弓長被這串數字嚇得叫出聲，難以置信地問：「老大，我是不是哪裡算錯了？」

看到手足無措的張弓長，伊努笑道：「程式碼沒有錯喔，就是這個數字。」

「九十八萬多冥紙耶！這到底是什麼概念啊？」張弓長倒吸一口氣，目瞪口呆地看著螢幕，隨即想到：「那老大，台幣跟冥紙的匯率怎麼換算？」

伊努著實被張弓長的反應逗樂了，「沒有人這樣算的吧！」

「以前去廟裡拜拜，100 元可以買多少冥紙啊？」張弓長喃喃自語，「廟裡大張和小張的冥紙，在地府分別是多少錢啊？」

伊努連忙阻止正開啟 Google 搜尋「冥紙換算」的張弓長，說：「你要查可以晚點回來再查，我們先優化剛才的程式碼。」深怕自己若不及時阻止，這個話題將會無止境地延續。

「好啦……」正在興頭上卻被硬生生打住，他失望地垂下頭。「還要優化什麼？」

「我們可以將計算合併在同一行，減少不必要的變數。」伊努修改了 hell_money 那行程式碼，接著說：「另外，還能使用 round() 函式，將浮點數取近似值到小數點後的指定位數，讓輸出結果更簡潔。」

　　「round() 函式的第一個參數是要進行近似取值的變數或數值，第二個參數則用於指定要取到小數點後幾位，像這樣 ——」

```
# 算術運算子 - 冥紙試算
hell_money = 80*((48/salary)**(age**0.25))
print(round(hell_money, 2), "元")
```

▌987673.78 元

　　「確實看起來好多了。」張弓長點點頭，「不過，為什麼我的冥紙會那麼多？」

　　「你有沒有發現，冥紙和你在人間的薪水呈負相關？」伊努解釋著。「也就是說，在人間的薪水愈高，來到地府的冥紙可能只有幾千；反之在人間的薪水愈低，冥紙卻可能達到近百萬。」

　　張弓長對這個設計邏輯感到不可思議，問道：「為什麼閻王姐姐要這樣設計公式啊？」

　　「不是有句話說『由儉入奢易，由奢入儉難』嗎？閻王想讓來到地府的靈魂體驗不同的生活方式，進而反思自己的人生。」

　　「我原本以為閻王姐姐只是個風趣的人，原來她這麼用心良苦。」他的語氣中帶著一絲敬意。

　　「是啊。雖然她平時有點搞笑，但相處久了就會發現，她其實有著過分的正義凜然之氣與發自內心的善良。」來到地府兩年的伊努，經過長時間的相處，也由衷地尊敬他的直屬上司 —— 閻羅王。

由於伊努隔天有專案要趕，而張弓長在地府若沒有冥紙會很不方便。即使現已接近黃昏，就算必須穿過森林才能抵達提款機，他們還是得在今日提領冥紙。

所幸他們要穿過的森林正位於宿舍區最後一排的後山，步行約五分鐘就能抵達森林的入口。只是，對於森林到底有多大，張弓長對此沒有概念，不知究竟要走多久才能到達他們的目的地。

夕陽的餘暉穿過枝葉、灑落在地，他們倆並肩走在森林的小徑。

在路上，伊努難得主動開口：「明天你們可以去逛商店街，看看有什麼想買的東西。也能順便在附近繞繞，你這兩天都還沒什麼機會出去走走呢。」

「好啊！那有什麼推薦的店家或行程嗎？」在人間很愛到處騎車旅行的張弓長，顯然對這個話題很感興趣。

「我還滿推薦商店街唯一的拉麵店。店裡的小孟姐祖傳湯頭非常值得一試，來地府沒吃過就太可惜了。」

「祖傳湯頭？聽起來就很厲害！」張弓長看起來躍躍欲試。「還有其他推薦的地方嗎？」

「商店街的一側都是賣吃的，全部都是小孟姐開的店。她精通各式料理和調飲，甚至連西點、甜點也都很擅長，所以基本上不會踩雷。」

「不會踩雷也太幸福了吧！不過開那麼多間店，小孟姐要怎麼顧啊？」

「她主要的工作還是接引亡魂和熬煮特調精力湯，開店只是興趣。所以店面都交給各自的店長管理，她只有在開發新菜色時才會親自進店。」

「那我今天早上能遇見她，算是運氣很好囉？」張弓長此時回想起早上的相遇。

「對啊，也許過幾天就會看到新菜單了。之前閻王跟我說，小孟姐常常在熬湯時構思新的菜色。等到有了明確的想法，就會向她請特休，去店裡試做。」說著說著，伊努竟笑了出來，「小孟姐也是一個我行我素、思想有趣的人呢。」

「那在她請特休的時候，如果有人需要喝孟婆……呃，特調精力湯的話，該怎麼辦？」

「據說她會把每天剩下的湯做成真空調理包，讓閻王在她休假時隨意找個工讀生幫忙隔水加熱。不過這只是傳聞，我們不能上去你奈我何橋的那一層，所以也不知道真實性。」伊努聳肩道。

「說到這個，其實我一直很好奇特調精力湯的味道如何？喝起來像什麼？」張弓長兩眼發亮地看著他。

「我說實話，你不要告訴其他人喔。特調精力湯就是將地獄的野菜熬煮七七四十九天，而且完全沒加任何調味的湯，味道可想而知，我

就不多說了。」伊努深吸口氣，鼓起勇氣說出他的肺腑之言：「總之，這是我在地府唯一踩過的雷，給你參考。」

看著伊努難得露出嫌棄的表情，張弓長非常慶幸自己是不需要消除記憶的。

天色漸暗，他們仍在森林裡打轉，張弓長不禁擔心地問：「伊努，我們還要走多久啊？」

「快到了。」接著他舉起右手，召喚著他的寵物——鬼火。

隨著主人的召喚，熙沓從伊努的右手掌心浮現，幽幽的藍色火焰飄在空中，向兩人鞠躬。

「好久不見，熙沓！」張弓長開心地向他打招呼。

聽到張弓長的聲音，熙沓全身瞬間變成橘色，興奮地上下跳動，還不停地點頭鞠躬。

見熙沓這個莫名可愛的舉動，他忍不住問伊努這行為代表著什麼意思。

「噢，它開心的時候會變成橘色。」伊努一臉淡定。心想大概是熙沓和張弓長在洞穴裡培養了什麼特殊情誼，所以導致再次見面時特別興奮吧。

「原來是在開心啊！未免太過可愛了吧！」張弓長忍不住伸手想把熙砦抱起來蹭，卻沒想到他的手才剛碰到熙砦，就被燙得縮了回來。

「你太心急了。」伊努笑道。「它變成橘色或紅色時，溫度會很高；變成藍色或靛色時，才是冰的。」

「還有那麼多顏色喔？怎麼那麼可愛啦！」他轉而詢問伊努：「那其他顏色是在什麼情況下才會表現出來？」

伊努神祕地笑了笑，將食指放在雙唇前，「以後你就會知道了。」

而接下來約莫十分鐘的路程，在熙砦的照耀下，森林不再那麼黑暗。

終於，他們走出了森林。映入眼簾的是一片寧靜的湖泊，湖面倒映著高掛的下弦月，銀光閃爍。而在湖畔，有一棟兩層樓高的建築物。

「到了。」伊努說。

「是在那間建築物裡提領冥紙嗎？」張弓長問。同時心想著：『地府的銀行位置也太偏僻了吧。』

「嗯，走吧。」

走到建築物前，張弓長才發現門上裝有指紋辨識的電子鎖。難得在地府看到這麼現代化的東西，令他有些意外。

伊努將左手中指按在感應區，門隨即打開。他領著張弓長入內，順手關上了門。

「欸？」張弓長環顧四周，有些吃驚。本以為會看到銀行的櫃檯或 ATM，但眼前的景象卻像是控制室，各種電腦設備整齊排列，螢幕上顯示著複雜的資料與圖表。

在他環視的同時，伊努對著一位埋首於電腦前、勤奮趕工的工程師打招呼，對方這才發現有人進入了室內。

「這麼晚還在忙？」伊努推了推眼鏡，提醒道：「連有人進來都沒注意到，你這樣會很危險喔。」

「反正能進來的也沒幾個人，安全的。」對方回話的同時並沒有停下手邊的工作，依然飛快地敲打著鍵盤。「你前幾天不是才來？又有新人要領冥卡？」

「對啊，這週感覺都在忙這些事，專案都快做不完了。」伊努嘆了口氣，隨即轉身招呼還在探頭探腦的張弓長，示意他一起進入右邊的小房間。

他立即跟上伊努的腳步，並在路過那位工程師時，禮貌地對他點了下頭。

進入房內，張弓長才知道所謂的小房間，真的很小。正方形的空間，中間擺放著一台類似於 ATM 的機台。但與人間的 ATM 不同，這台機器更寬、更矮，且上方的按鍵也不僅僅是數字鍵，而是完整的電腦鍵盤。

伊努點選電子面板上的「冥卡領取」按鈕，畫面上隨即彈出一個名為「hell_atm.ipynb」的檔案，且看似已編寫好程式碼。這讓張弓

長稍微鬆了口氣，至少程式不用自己從頭寫。

「接下來，我會透過領取冥卡的方式，來讓你學習『**條件判斷**』。」伊努看著畫面上的程式碼，說道：「這是一種**根據不同條件，執行不同程式碼區塊**的方法。

「舉個例子，如果你已年滿 18 歲，畫面會顯示『你已成年』；而若未滿 18 歲，畫面則顯示『你還未成年』。

「你可以先執行這段程式碼，試著輸入不同的值，看會產生什麼結果。先不用急於理解程式碼的內容，等你試了幾次有點心得後，我再來向你說明程式碼的執行邏輯。」

「好的！」張弓長興致勃勃地點擊儲存格的執行鈕。

```
print("歡迎來到地獄銀行!\n準備好要領取你的冥卡了嗎？少年。\n")
action = input("如欲領取冥卡請按 1，欲計算冥紙請按 0，
                若要離開請輸入任意內容：")
print("\n------------------------\n")

if action == '1':
    name = input("你的名字：")
    print(name, "請妥善保管冥卡，不見的話不要找我！")

elif action == '0':
    age = int(input("你的年齡："))
    salary = float(input("在人間的薪水（萬元）："))

    if salary >= 0.65 and salary <= 15:
        hell_money = 80*((48/salary)**(age**(1/4)))
        print("你的冥紙：", hell_money)
```

```
    else:
        print("輸入的薪水不合規定，無法計算。")

else:
    print("沒有要領就不要來亂！滾！")
```

　　隨後，在儲存格下方顯示了執行結果：

> 歡迎來到地獄銀行！
> 準備好要領取你的冥卡了嗎？少年。

　　看到這段文字，惹得張弓長一陣無言。「這是什麼中二的 NPC 台詞啊！」

> 如欲領取冥卡請按 1，欲計算冥紙請按 0，若要離開請輸入任意內容：87

　　但當他往下看到這行提示文字時，好奇心驅使他嘗試不同的輸入值，想看看分別會得到什麼執行結果。於是他決定先輸入「87」，然後雀躍地按下了 Enter 鍵──

> 沒有要領就不要來亂！滾！

　　「伊努，它好兇……」張弓長指著螢幕，轉頭向伊努裝可憐，哭訴著 ATM 的凶橫。

　　正在陪熙碁玩耍的伊努抬起頭，說道：「沒事，說到底，它也不能對你怎樣。」

　　而熙碁似乎對螢幕上的內容很感興趣，轉而飄到張弓長身邊，認真地看著。

他笑著問熙砼：「你看得懂程式碼嗎？」

聞言，熙砼用力地對他點了點頭。

它的回應讓他微微受到打擊，「連你都看得懂，那我也要加油了！」於是張弓長鼓起勁，再次執行程式。這次他改為輸入「0」，想看看系統計算出的冥紙和他之前試算的是否一致。

> 歡迎來到地獄銀行！
> 準備好要領取你的冥卡了嗎？少年。
>
> 如欲領取冥卡請按 1，欲計算冥紙請按 0，若要離開請輸入任意內容：0

而在此時，他發現系統和他先前編寫的程式一樣，需要自行輸入年齡與薪水才能計算。看到這裡，他覺得自己似乎稍微理解了這段程式碼的邏輯，因為他稍早才做過類似的事。

> 你的年齡：23
> 在人間的薪水（萬元）：0.65
> 你的冥紙： 987673.7765256036

在他輸入年齡和薪水，並得到系統計算出同樣是 98 萬多的數字後，他鬆了口氣，還好白天沒有算錯。

「伊努，它說『如欲領取冥卡請按 1』，那我可以領取冥卡了嗎？」

「在領取之前，我想聽聽你觀察執行結果後，有什麼發現？」

張弓長和熙笃對視了一眼，想從它身上尋求一點力量。但後者卻飄回主人的身邊，兩雙眼睛一起看著他，彷彿與伊努一同督導他似的。

　　無計可施的張弓長皺著眉頭，仔細回想著剛才的執行結果，緩緩開口道：「嗯……我還不太確定這段程式是怎麼運作的，但感覺它是根據我輸入的內容，來決定接下來要回應什麼。

　　「就像剛才我輸入了 0 和 1 以外的數字，它就叫我滾；而當我輸入 0 的時候，它就讓我填寫年齡和薪水，然後幫我計算冥紙。」

　　他停頓一下，想了想又說：「它還說輸入 1 可以領取冥卡。所以我猜，程式內部應該有個判斷機制，會根據我的不同輸入值，來進行相應的動作吧。」

　　伊努聽完張弓長的推論，滿意地點點頭。「觀察得不錯。這段程式確實是根據你的輸入，來執行不同的指令，這就是所謂的**條件判斷**。而實現這種控制的方法，就是我接下來要教你的『**if-elif-else 結構**』。」

　　他瞥了一眼張弓長，發現他眼中滿是不情願，於是微笑著說：「講解完就放你回家。我會仔細說明，保證你能懂。」

```
action = input("如欲領取冥卡請按 1，欲計算冥紙請按 0，
                若要離開請輸入任意內容：")
```

伊努指著程式碼的第一部分，說：「首先，這行程式碼會讓你輸入一個值，並將輸入的字串內容指派給變數 action。接著，程式會根據 action 的值來進行判斷，這時候就會用到 if-elif-else 結構。

說完，伊努在紙上寫了個範例：

```
if condition1:
    # 這些程式碼屬於 if 區塊
    statement1
elif condition2:
    # 這些程式碼屬於 elif 區塊
    statement2
else:
    # 這些程式碼屬於 else 區塊
    statement3
print("The End.")
```

「在這個結構中，程式會先檢查 if 後面的條件是否成立。如果成立（True），就執行對應的程式碼區塊；如果不成立（False），就檢查下一個 elif 的條件，順帶一提，elif 是 else if 的意思。若所有 if 和 elif 的條件都不成立，才會執行 else 區塊的程式碼。」

見張弓長似乎能夠理解，他開始進行更進一步的說明：「在這個結構中，if 只會出現一次，因為它是最初的判斷。接下來可以有零個或多個 elif，每個 elif 都是不同的條件。程式會依序檢查 if 和每個 elif 的條件，直到找到成立的為止。

「一旦某個條件成立，對應的程式碼區塊就會被執行，並跳過後續

的 elif 和 else。如果所有的條件都不成立，才會執行最後的 else 區塊。

「另外，Python 非常注重**縮排**，程式碼的層級與所屬區塊通常透過**四個空白或一個 Tab** 的縮排來表示。**屬於同一區塊的程式碼，縮排必須完全一致**。這可以讓程式邏輯結構更為清晰，也能避免因縮排錯誤導致程式無法運行。

「最後，你會發現在這個例子中，print("The End.") 不屬於任何條件區塊，這意味著無論之前的條件是否成立，這行程式碼都會被執行。」

見對方眼神逐漸失焦，伊努迅速簡單總結：「所以，在這個 if-elif-else 結構裡，條件的順序和縮排決定了哪些程式碼會在特定條件下執行。只要掌握這個結構，就能編寫出更靈活的程式來處理不同的情況。」

一口氣解說完 if-elif-else 結構的伊努，突然意識到自己剛才似乎講解得太沉醉了，於是趕緊關心一下已離線的張弓長。「你⋯⋯還行嗎？」

他沉默了一下，才勉強笑了笑，緩緩地從口中說出「大概吧」三個字。

「那……」伊努不好意思地搔著臉頰，小心翼翼地詢問：「你準備好學以致用，解釋這段領取冥卡的程式碼給我聽了嗎？」

「……」

「那，我們用討論的好不好？一步一步來，像聊天一樣。」此刻的他像極了哄小孩的家長，恨不得口袋裡有事先準備一小包甜點！

張弓長垂下頭，小小聲地、帶點哭腔地說：「好啦……」

伊努欣慰地笑了笑，語氣也跟著柔和下來。「那我們從 if 程式碼區塊開始吧。剛才提到，輸入的字串內容會指派給變數 action，接著會根據 action 的值來決定執行哪個區塊的程式碼。」

```
if action == '1':
    name = input("你的名字：")
    print(name, "請妥善保管冥卡，不見的話不要找我！")
```

他指著 if 程式碼區塊，問道：「你能理解這行程式碼 if action == '1': 的作用嗎？」

「啊，這是今天下午才教過的『==』。」張弓長努力回想這兩日所學，試圖將其拼湊起來。「這表示，如果我輸入的值為 1 時，也就是 action == '1' 的條件成立時，程式就會執行這個縮排四格的程式碼區塊 —— 要求我輸入名字，並提示我妥善保管冥卡。」

「沒錯。」伊努笑著朝他豎起大拇指。「當這個條件成立時，就能夠領取冥卡，而程式也就不會再往下檢查 elif 和 else 的條件了。若這個

條件不成立，才會繼續檢查下一個 elif 的條件是否成立 ——」

```python
elif action == '0':
    age = int(input("你的年齡："))
    salary = float(input("在人間的薪水（萬元）："))

    if salary >= 0.65 and salary <= 15:
        hell_money = 80*((48/salary)**(age**(1/4)))
        print("你的冥紙：", hell_money)
    else:
        print("輸入的薪水不合規定，無法計算。")
```

張弓長接續伊努的話，說著：「如果 action 不是 '1'，那程式就會接下去檢查 action == '0' 這個條件是否成立。如果成立，程式就會要求我輸入年齡和薪水。」

「對的。那這裡你有沒有發現，相同縮排的 elif 程式碼區塊裡，還藏了一個 if-else 結構？」

「有，這看起來好複雜……」

「別緊張，我們慢慢來。」伊努指著位於內層的 if-else 結構說明：「這種稱為『**巢狀結構**』，意思是在一個條件判斷的區塊裡，再嵌入另一個條件判斷。簡單來說，只有當外層條件成立時，程式才會執行內層條件的判斷。」

「我們先看裡面這個 if-else 結構。還記得下午學過的邏輯運算式嗎？salary >= 0.65 and salary <= 15 這句程式碼應該不陌生吧？」

「對耶！所以在前面加上 if 是不是代表著，只有當薪水介於 0.65 萬和 15 萬之間時，後續縮排的程式碼區塊才會執行？」

「沒錯。那你再看這個內層 if 的程式碼區塊，有沒有覺得這程式碼似曾相識？」

他才發現這正是伊努下午教的冥紙換算公式，隨即得出結論：「所以，當內層 if 後面的條件成立時，程式就會計算冥紙，然後用 print() 函式顯示計算結果，對吧？」

「完全正確。」伊努笑了笑，接著說：「如果這個條件不成立，程式就會跳過這段冥紙計算的區塊，轉而執行 else 區塊的內容，顯示『輸入的薪水不合規定，無法計算。』這段文字。」

「我懂了。也就是說，只有在 action 是 '0' 的時候，才會需要檢查薪水是否在規定的範圍內；而若 action 不是 '0'，就完全不會執行內層的 if-else 結構。」

伊努讚賞地點點頭，然後說：「如果輸入的值既不是 1 也不是 0，程式就會執行外層的 else 區塊，簡單粗暴地叫你滾。」

```
else:
    print("沒有要領就不要來亂！滾！")
```

聞言，張弓長笑了出來。「難怪剛才我輸入其他內容時，它這麼兇！」或許是因為理解了程式碼，他的心情也終於放鬆了點。

「是的。張弓長，恭喜你下課了，你現在可以輸入 1 領取冥卡了。」

得到伊努的許可後，他興奮地再次執行程式碼，並在方框中輸入「1」。

> 歡迎來到地獄銀行！
> 準備好要領取你的冥卡了嗎？少年。
>
> 如欲領取冥卡請按 1，欲計算冥紙請按 0，若要離開請輸入任意內容：1
>
> ------------------------
>
> 你的名字：張弓長

接著再輸入姓名。隨後，ATM 吐出了一張晶片冥卡，同時在螢幕上顯示 ——

> 張弓長 請妥善保管冥卡，不見的話不要找我！

看到這段文字，他無奈地取出卡片。「伊努，它真的好有個性……」

伊努也嘆了口氣，「不，是編寫這個程式的工程師很有個性。」

領完冥卡的兩人走出小房間，向依然埋首於程式碼的工程師道別，並叮囑他記得吃飯和休息。隨後，他們踏出這間被森林隔絕的控制室。

一走出戶外，得以呼吸新鮮空氣的張弓長很是感動，他深吸了幾口氣，感嘆道：「啊，出來之後，連空氣都變得香甜了。」

此舉再度讓伊努笑出聲，「你太誇張了啦！」

「這裡的景色好美，我們可以再多待一下嗎？」好不容易才穿越森林，來到這宛如世外桃源之地，張弓長自然想多留片刻，細細欣賞眼前靜謐的湖泊與漫天星斗。

「可以啊。要不要坐到那邊的大石頭上？」伊努指著湖邊一塊看起來勉強坐得下兩人的平坦石頭。

張弓長順著他的手指方向望去，輕輕應了聲「好」，兩人便一同朝大石頭走去。

坐在石頭上，張弓長望著倒映著星空的湖面，有感而發：「我還在人間的時候，很喜歡騎車去海邊，像這樣坐在沙灘上，靜靜地看著海，一整天都不厭倦。那種感覺特別放鬆，有種暫別世俗塵囂的寧靜感。」

聞言，伊努也將手肘撐在膝蓋上，單手托著臉頰，試著感受張弓長口中的那份平靜。

兩人就這樣在月光下靜靜地凝視湖面，享受難能可貴的寧靜。一旁的熙詧則在湖邊飄來飄去，自得其樂。

伊努感受到張弓長對人間的留戀，那種情感讓他有些羨慕。畢竟，自己對於人間的記憶早已模糊。

但他的心情其實是矛盾的。既渴望像張弓長一樣，對某些人、某些地方保有情感和眷戀；卻又害怕這種牽掛，會帶來無法割捨的痛苦。

「伊努，」張弓長的聲音打斷了他的思緒，「如果可以選擇，你會希望在地府工作時仍保有過往的記憶，還是像現在這樣，什麼都忘了比較好？」

「怎麼突然問這個？」被問到從未思考過的問題，伊努霎時有些措手不及。

張弓長緩緩開口道：「這兩天，我一直在思考這件事。我覺得來到地府後，對人間的牽掛似乎成了我的羈絆。

「這不像是提前告知身邊的人自己要外出旅行，而是突然之間，他們就失去了我。沒辦法和他們取得聯繫，這讓我很焦躁。好想告訴他們，我還活著，還能回去。」

他轉頭看向伊努，「然後我就突然想到，那你呢？對你而言，會覺得哪種情況比較好？」

伊努沉思片刻，答道：「其實，我還是有一點點關於人間的記憶，都是和工作有關的。像是，我知道自己是在台灣工作，還有，我的 mentor 是個很棒的人，很多東西都是他帶著我學的。

「所以，這種感覺就像擁有一些人間記憶的拼圖碎片，但永遠無法拼湊出全貌。也因此，我從來沒深思過這個問題。對我來說，擁有這麼點碎片已成既定事實，去思考無法改變的事情，似乎也沒有什麼意義。」

「說得也是，那我也試著不去想了。畢竟，想得再多，也改變不了這個現實……我多麼希望這只是夢一場。」張弓長仰望星空，問道：「伊努，在這片天空之上，會是人間嗎？」

「我想，這除了閻王和小孟姐，恐怕沒人知道。不過，也有人猜測這裡或許是平行時空。」

「也是呢。再怎麼說我們也只是靈體，而非肉體。我們現在所處的，或許是在不同維度的空間吧。」

過一會兒，伊努靈機一動，「突然想到，你的冥紙那麼多，或許買得起能撥打到人間的電話卡，這樣你就能聯絡家人了。」

「咦？有這種東西？」張弓長的眼中閃過一絲希望。

「傳說中是有的，只是據說價格高昂，沒幾個人買得起，也不知道該在哪裡購買……還是你明天要不要順便在商店街找找看？」

「好！只要有聯絡人間的方法，我都想試試看！」張弓長站起身，跳下石頭，轉身對他說：「謝謝你，伊努。對我來說，你也是個很棒的 mentor，很幸運遇見的是你。」

聽到這番話，伊努心中升起一股暖意。

他想，或許自己已在不經意間，向僅存記憶中的那位導師靠近了一步。

伊努的碎碎念

這幾天工作實在太操勞，我都快吃不消了。

由於即將鬼門開，地府會在那段時間放假一個月。而我又有專案在身，也不想在放假時間加班，因此迫切希望能在放假前完成。

卻沒想到在這種時候，閻王又分發了兩個靈魂給我。老天，我的進度要被耽誤了。

但還能怎麼辦，只好趕在鬼門開前把他們兩位送回人間。再說，我也不喜歡工作沒做完就去休假的感覺。

雖然多給我兩個認真好學的靈魂，對我的 KPI 是有幫助的。

只是今天一早去了公司忙專案，下午又趕回來教張弓長**比較運算子、邏輯運算子和算術運算子**。但因為我明早還要開專案會議，只好今晚帶他去領錢，順便教了**條件判斷的 if-elif-else 結構**，真是累壞了我。

其實，我原本打算領完錢就趕快回家洗洗睡的，卻沒想到張弓長還想在這裡多待一會兒，欣賞美景。

唉，我能說不嗎？

不過，看著看著，發現自己緊繃的心情也跟著放鬆了。

仔細想想，張弓長和阿部人都不錯，很好相處。也許我應該更加重視這段相遇的緣分。畢竟，他們學完程式就要回到人間，可能再也沒有機會見面了。

相逢即是有緣，我該好好珍惜這段時光。專案其實也沒那麼趕，是我自己在逼自己罷了。

　　上次像這樣好好地欣賞周遭景色，已經是很久以前的事了。多虧了張弓長，才能在這塊大石頭上欣賞湖光山色，漫天星辰。

　　真的要好好感謝這個與我個性幾乎完全相反、甚至可以說是互補的張弓長。因為他，我才開始思考內心深處對於人與人之間的情感聯繫，也才開始關心身邊的景色。

　　夏夜晚風，真的讓人好平靜。是種久違的平靜感。

地府村民交流魍 > 程設板

分類	Colab
作者	inuqq
標題	[教學] Colab AI 的使用方法

這幾天，我正不遺餘力地教兩位零基礎的程式小白學習 Python。在這個過程中，我發現他們經常因為一些小細節卡住而停滯不前，或者不小心製造出一些莫名的 bug，卻不知道該如何解決。為了幫助他們更順利地學習，我決定寫下這篇文章。

如同上一篇閻王在留言區提到的，Colab 現已整合基於 LLM 的 AI 程式生成工具。因此本篇將會教學如何使用 Colab 提供的 AI 工具，來幫助我們學習或編寫 Python 程式碼。

那就，開始吧 :)

預測程式碼

在編寫程式時，會看到 AI 預測的灰色斜體程式碼，按 Tab 鍵即可接受 AI 預測的程式碼，原本的灰色斜體字就會轉換成彩色正體字。

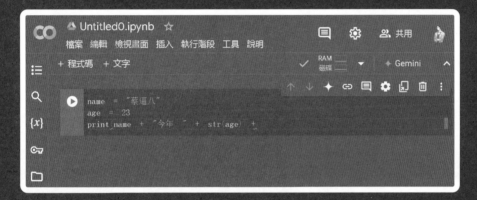

```
name = "蔡逼八"
age = 23
print(name + "今年 " + str(age) +
```

按 Tab 鍵接受

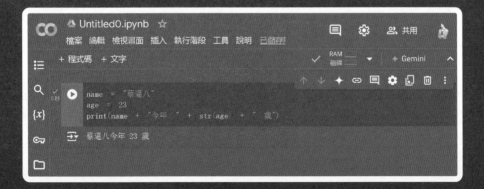

```
name = "蔡逼八"
age = 23
print(name + "今年 " + str(age) +
```

再自行補足後續程式碼

```
name = "蔡逼八"
age = 23
print(name + "今年 " + str(age) + " 歲")
```

蔡逼八今年 23 歲

生成程式碼

　　如果完全不知該從何編寫程式碼，也可以按下儲存格編輯區域中的「生成」，然後在上方出現的方框中，輸入你想編寫的程式 Prompt，再按下前方的「生成」鈕，AI 就會在編輯區域中生成程式碼。

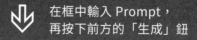 按下編輯區域的「生成」

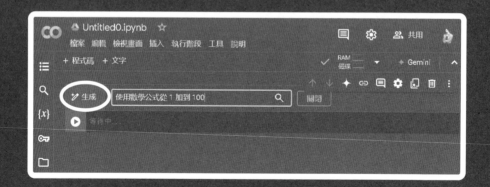

在框中輸入 Prompt，
再按下前方的「生成」鈕

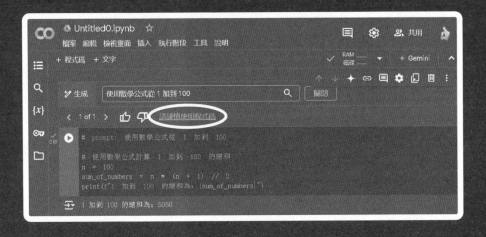

此外，在使用 AI 生成的程式碼之前，請務必點擊詳閱方框下方藍色超連結「請謹慎使用程式碼」中的使用規範及相關法律說明。

解說程式碼

想必現在還待在地府的各位，都曾執行過地府唯一一台 ATM 的領取冥卡程式吧？然而，這段程式碼完全沒有任何註解文字，對新手來說，要讀懂它並不容易。因此，我們可以利用 Colab 筆記本中，介面右上角個人圖像下方的「Gemini」，來為我們解說程式碼。

點擊「Gemini」開啟對話後，在方框中輸入「請解說程式碼」並按 Enter 鍵，Gemini 就會為我們提供程式碼的詳細說明；如果有不懂的地方，還可以再進一步追問。

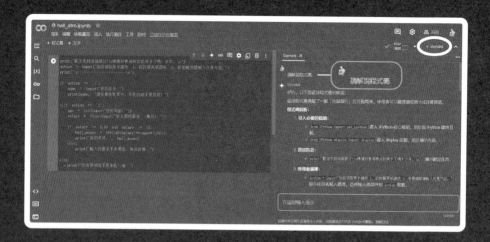

為程式碼添加註解文字

經過 Gemini 的程式碼解說之後，為了方便未來的自己或他人能快速
理解整個程式邏輯，我們還可以在 Gemini 的對話框中輸入「請生成
程式註解」，讓它自動生成以「#」開頭的註解文字。

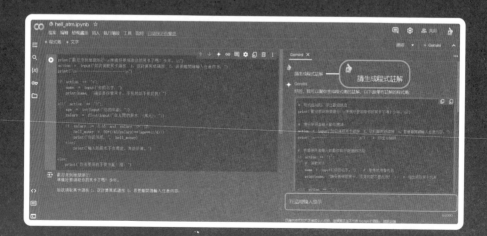

改寫程式碼

來到地府的各位一定對閻王設計的冥紙換算公式不陌生。然而，由於公式略顯複雜，可能有人無法直接將其轉換成一行程式碼。此時，我們可以先將公式拆解成多個步驟逐一編寫，然後再利用 Gemini，請它協助將數值運算的程式碼優化為一行表示。

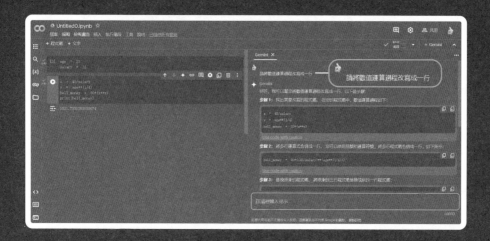

程式碼除錯

最後，來談談我最近的學員遇到的第一個錯誤訊息。當時他才剛開始學習 Python，因為對一些語法規範還不熟悉，所以製造出如下圖的錯誤。而在這種時候，其實我們也能請 Gemini 幫忙除錯，並協助修改成正確的程式碼。

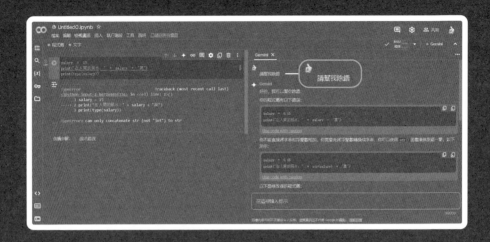

以上，祝大家操作順利 :)

推 meng：推 Google 頭貼小鮮肉帥哥。

推 yamaraja666：看來該幫你加薪了！

感謝閻王大人！

推 changchang：你怎麼不早點告訴我有這招 QAQ

說了你還會認真學嗎？

推 abe_kei：他絕對不會 www

地府村民交流魍 > 程設板

分類　Python

作者　changchang

標題　[筆記] 各種運算子與條件判斷

嗨嗨，又是我，就是那個被機車撞昏而莫名來到地府的菜逼八。

上一篇寫了輸出、輸入、變數與資料型別的筆記。而在今天，我學到了比較運算子、邏輯運算子、算術運算子，還有條件判斷的 if-elif-else 結構。內容多到我整個人都頭昏眼花了。

老話一句，如果這份筆記也能幫助到同為程式小白的你，那我會很開心。

比較運算子

這是用來比較兩個值的工具，輸出結果會是布林值（True 或 False）。

運算子	功能	範例	結果
>	判斷左是否大於右	2 > 5	False
<	判斷左是否小於右	2 < 5	True
>=	判斷左是否大於或等於右	5 >= 2	True
<=	判斷左是否小於或等於右	2 <= 2	True
==	判斷左右是否相等	5 == 5	True
!=	判斷左右是否不相等	2 != 5	True

範例程式：

```
x, y = 2, 5  # 亦即 x = 2, y = 5
print(x > y)  # 輸出 False
```

注意事項：

● 比較運算子的結果一定是 True 或 False，所以它常搭配條件判斷來使用。

邏輯運算子

邏輯運算子用來處理多個條件，輸出結果會是布林值（True 或 False）。

運算子	功能	範例	結果
and	所有條件皆成立才是 True，否則為 False	True and False	False
or	所有條件皆不成立才是 True，否則為 False	True or False	True
not	反轉布林值	not False	True

範例程式：

```
has_money = True
is_rich = False
print(has_money and is_rich)  # 輸出 False
```

注意事項：

● and 是「且」，or 是「或」，not 是「反過來」。

算術運算子就是用來做加減乘除的工具，和數學很像。

運算子	功能	範例	結果
+	加	2 + 5	7
-	減	2 - 5	-3
*	乘	2 * 5	10
**	次方	2 ** 5	32
/	除	5 / 2	2.5
//	除法取整數	5 // 2	2
%	除法取餘數	5 % 2	1

範例程式：

```
a = 23
b = 5
print(a % b)   # 23 除以 5 的餘數是 3
```

注意事項：

● 除法（/）的結果會是浮點數，即使剛好整除。例如 25 / 5 的結果是 5.0。

條件判斷是讓程式依條件做不同事情的工具，就像選擇要走哪條岔路一樣。

1. if

- 用於檢查指定的條件是否成立。

- 若條件成立，程式將執行對應的程式碼區塊。

- 是條件判斷的起點，必須存在。

2. elif

- 當前面的條件不成立時，檢查此條件。

- 可用於設置多個備選條件，讓程式逐一檢查。

- 可以有多個 elif 區塊，但可選用，並非必須。

3. else

- 當前面所有條件皆不成立時執行。

- 是條件判斷的最終選項。

- 可選用，並非必須。

範例程式：

```
age = int(input("你的年齡："))

if age < 18:
    print("未成年請勿開車、騎車和飲酒！")
elif age == 18:
    print("剛滿 18 歲，快去考駕照！")
else:  # 亦即 age > 18 的情況
    print("成年人就該好好負起責任！")
```

注意事項：

● 條件後面要記得加半形冒號「:」，並且在下一行縮排（建議使用 4 個空格）。

最後，

因為我現在還很菜，如果有寫錯的或是任何想補充的，可以直接在下面留言。

以上，謝謝大家 XD

推 abe_kei：推室友大大。我都不用做筆記了，真棒。

推 inuqq：回樓上，這種話放在心裡就好。

推 abe_kei：我明明也很認真啊 QQ

第三章

還是陷入了賺錢
與花錢的無窮迴圈

清晨微光透進屋內，被光線喚醒的張弓長睜開迷濛的雙眼，緩緩地從床上坐起身。陌生的房間與不熟悉的擺設，讓他愣了一下。

　　『啊……對喔，昨天聊得太晚了，所以借宿在伊努家。』腦袋逐漸清醒的他，回想起昨夜的情景。

　　他環視房間，卻不見伊努的身影，只見一旁地上摺疊整齊的被褥。『伊努出門了嗎？他好像說過今早有個專案會議，真是辛苦。』

　　低下頭，揉了揉眼睛，突然瞥見矮桌上放著一個焦糖奶油銅鑼燒、一把鑰匙和一張摺好的紙條。他困惑地湊近一看，見紙條上寫著「給張弓長」。

　　他打開紙條閱讀著：

　　「桌上的焦糖奶油銅鑼燒是給你吃的，我先去上班了。如果有去商店街，記得嚐嚐看小孟姐的祖傳拉麵，還可以去找找我昨天提到的電話卡。

　　P.S. 離開時麻煩幫我把窗簾拉開，並用桌上的鑰匙把大門鎖上。我下班後再去找你拿鑰匙，謝謝。」

　　闔上紙條，張弓長的嘴角微微上揚。「伊努太暖了。」

　　他將紙條與銅鑼燒收好，整理好床鋪，並按照紙條上的交代拉開窗簾後，就帶著鑰匙和隨身包，走出伊努居住的 087 號房。

離開前，也不忘鎖上大門。

著實走了好長一段路，才終於從位於第一排末端的 087 號房，走回第五排前端的 404 號房。「難怪伊努說我們住的地方距離很遠……」

打開房門，才正要踏進去，就感受到右邊床位傳來的哀怨視線。

「怎麼了？」他問。

「你跟伊努去夜遊不揪，而且你還徹夜未歸。」作息規律的阿部一臉幽怨，看起來很想參與他們的「夜遊」，這讓張弓長感到意外。

雖然，他們也不是去夜遊就是了。

「我們只是去領冥卡而已啦。」他澄清著。「話說，你怎麼會知道？」

他明明記得出門時，根本沒想過會弄到這麼晚，因此也沒有事先向阿部交代行程才對。

「伊努昨晚有發 mail 說你在他那，要我別擔心。」

「噢，我們領完冥卡後又在湖邊大石頭上聊了很久，回來都半夜了，怕吵醒你，所以伊努讓我借住他家。」他連忙解釋。

「是齁……」

「你……在不爽？」張弓長小心翼翼地問。

「對。」阿部撇過頭，「我也想跟你們在湖邊聊天。」

他沒想到 37 歲的阿部居然有這麼孩子氣的一面，不禁笑了出來。「那今天換我請你吃拉麵，別生氣了。」

「不好吃的話就不原諒你。」看來阿部還在賭氣。

「是伊努推薦的，而且又是小孟姐開的店，應該不會不好吃吧。」

這還是張弓長第一次遇到比在人間的女友還難哄的人，況且對方還是個大叔，頓時覺得有些荒謬、又有點好笑。

張弓長和阿部的宿舍區位於第五排，宿舍後方約五分鐘的路程是昨晚經過的森林入口；而第一排前方約十分鐘的路程，就是伊努提到的商店街。

宿舍區每二十號房就有一條垂直於宿舍排的小路。由於 404 號房離 400 號房較近，因此他們決定從那條垂直小徑步行前往商店街。

「為什麼地府都沒有交通工具啊？至少來個腳踏車吧？」身為沒有車就像沒有腳的台南人 —— 張弓長抱怨著。

「我倒是滿習慣走路的，工作太忙，都把通勤當作日常運動。」來地府前在東京工作的阿部說道。「對了，都沒問過你來自台灣的哪個縣市？」

「嘿嘿，台南。」張弓長一臉驕傲。

「噢，是那個芒果很好吃的地方！」阿部回憶起在台灣讀大學時，最喜歡的食物就是芒果、芒果乾和芒果冰。

「對對對！還有很多食物都很好吃，像是我家巷口的牛肉湯和滷肉飯，我從小吃到大。等回去人間後，如果你有來台南玩，我可以帶你去吃！」說到故鄉的美食，張弓長的熱情藏也藏不住。

「好啊，我也在想要不要試著去台灣工作呢。」倏地，阿部的眼神黯淡了下來，「畢竟上一份工作真的太爆肝，身體也扛不住了。」

「那你想去哪個縣市工作？」

「應該首選台北吧，我對那邊比較熟悉。」他想了想，又說：「最近覺得程式滿有趣的，或許回去後再上個課，有機會進軍軟體業。」

「台北啊，滿遠的。」張弓長回想起台北到台南的距離和交通時間，搖了搖頭。對於在人間還沒找到工作的他來說，光往返的車票錢就已經是筆不小的支出。「總之，先預祝你到時候找工作順利。」

「謝了。我現在只求找個能讓我兼顧健康的工作就好。」

「啊，到了！」看見前方不遠處的兩排建築物，張弓長興奮地喊道。兩人隨即加快腳步，朝商店街入口走去。

面對著商店街入口，左邊那側正是伊努說的，整排都是小孟姐開的店；右邊則是賣食物以外的東西，生活用品、服飾、書籍、寵物等應有盡有。

不知該從何逛起的兩人，在原地呆愣著。

張弓長索性問道：「還是要先去吃拉麵？雖然時間還早。」

「也好，我早餐還沒吃，現在這樣應該可以算是早午餐。」說完，阿部還摸了摸微微凸起的小腹。

「不過我不知道是哪一間，可能要找一下。」

「是不是前面那間？」阿部指著左前方一間外觀呈日式風格，招牌上寫著「ラーメン」的店面。

「啊，好像是。伊努說過整條商店街只有一間拉麵店。」

這時，他看見一位有點眼熟的女孩，穿著圍裙，正從店裡拿著菜單立牌走出來。

他立刻跑了過去，留阿部一人在原地。「嘖，見色忘友。」

「妳好妳好，又見面了！」張弓長大力地朝那位女孩揮手，滿臉笑容。

「噢，你是昨天那個迷路的人！」女孩馬上認出他來，「居然這麼快又見面了。」

「對啊，好巧。」他看著女孩身上的衣著，問道：「妳在這裡工作嗎？」

「對呀，現在在做開店前的準備。怎麼了嗎？」

「哇，太好了！我想請問這裡有賣小孟姐的祖傳拉麵嗎？」

「有喔，我們有分兩種祖傳湯頭。一種是地獄辣，另一種是比較單純的三生石鹽味拉麵。」

「三生石？」

「是的，我們的湯頭是用三生石的岩鹽熬煮的。根據傳說，三生石記載著一個人的前世、今生和來世的命運，象徵著輪迴轉世的因果關係。」

一路走來就聽到他們的談話，阿部吐槽道：「這樣的湯頭哪裡單純了？」

「至少它不辣啊，我不吃辣的。」張弓長反駁。

「啊，好可惜喔，我們的地獄辣真的超級好吃的說……」放好菜單後，女孩便帶著他們進入店裡。

踏進店內，木製裝潢與柔和的燈光撲面而來。女孩熱情地招呼他們入座，並說明等會兒可以使用桌上的平板自助點餐。

「不過我們的點餐程式還沒更新，需要稍等我一下喔。」說完，女孩便走進了櫃檯。

「這間店的氛圍讓我好想念日本。」阿部輕嘆一聲，眼前的日式裝潢勾起了他的思鄉之情。

「嘿，我回來了！」還沒來得及觸景傷情，剛才還忙進忙出的女孩，此刻已拿著一台筆電來到他們的座位，順勢坐在張弓長身旁的位置上。「你們好，我是郁安。」

「啊對，昨天忘記自我介紹了。我是張弓長。」

「初次見面，我是阿部，是張弓長的室友。我來自日本。」阿部也禮貌地介紹自己，隨後有些疑惑地看著郁安，問道：「妳不是在上班嗎？這樣坐下來聊天沒問題嗎？」

「還沒開店嘛，沒問題的。而且我還要更新點餐程式，就讓我坐一下吧。」郁安打開筆電，笑著說。

「我一邊更新，一邊跟你們介紹菜單好了。」說完，她開啟了一個名為「ramen_update.ipynb」的檔案。

「我們店裡當天提供的餐點類別會放在一個名為 category 的**串列**（list）中，像昨天有拉麵、烏龍麵和蕎麥麵。」

```python
# 型別 - 串列
category = ['拉麵', '烏龍麵', '蕎麥麵']

print("類別:", category)
print(type(category))
```

類別: ['拉麵', '烏龍麵', '蕎麥麵']

「而我們的完整菜單則是放在一個名為 menu 的**字典（dictionary）**裡，每道餐點都是以**鍵值對（key-value pair）**表示。餐點名稱是『**鍵（key）**』，其對應的價格是『**值（value）**』。」

```
# 型別 - 字典
menu = {
    '招牌地獄拉麵': 880, '三生石鹽味拉麵': 880, '豚骨拉麵': 780,
    '醬油拉麵': 780, '味噌拉麵': 780,
    '豆皮烏龍麵': 740, '溫泉蛋烏龍麵': 740, '咖哩烏龍麵': 740,
    '冷烏龍麵': 700,
    '柚香蕎麥麵': 780, '冷蕎麥麵': 740
    }

print("菜單：", menu)
print(type(menu))
```

菜單： {'招牌地獄拉麵': 880, '三生石鹽味拉麵': 880, …(略),
'柚香蕎麥麵': 780, '冷蕎麥麵': 740}
<class 'dict'>

「好貴……」由於阿部在人間的工作年資較長，薪水還算不錯，因此他在地府所能領到的冥紙相當有限。對他而言，這金額可不是個小數目。

看著阿部略顯扭曲的表情，郁安笑著說：「別緊張。前陣子正逢陰曆十五，人間大量燒金紙，導致地府通貨膨脹，物價也因此上漲。不過現在價格已經回跌了，我正準備調降菜單上的價格呢。你們今天來吃，算很幸運的。」

此時，她突然想到，「你們學過 for 迴圈嗎？」

閒言，兩位男子對視了一眼，很有默契地對她搖了搖頭。

見狀，郁安笑道：「看來，我今天可以身兼小老師了！來看這段程式碼，我們會用 for 迴圈來調整價格，因為它非常適合用來處理這種重複性的操作。

「**for 迴圈**可以幫我們依序取出集合中的每個元素。舉個例子，像這裡的 menu 是一個字典，我們可以用 for 迴圈走訪每道餐點，並對其價格進行調整。」

說完，便敲起鍵盤，編寫程式碼：

```
# for 迴圈 - 調降 menu 的所有價格
for key in menu:
    # 將每個項目的價格減去 600
    menu[key] = menu[key] - 600

print("菜單：", menu)
```

「for key in menu: 的意思是，將 menu 中的每個**鍵**，也就是餐點名稱，**一一取出，並自動賦值給迴圈變數 key**。

「每次進入這個迴圈，就會對字典裡的每道餐點進行同樣的操作，也就是將對應的價格減去 600。

「在 Python 的字典中，每個項目都是由『**鍵：值**』組成 —— 在這裡，鍵是餐點名稱，值是價格。」

「我們可以**藉由『字典名稱［鍵］』來取得該鍵對應的『值』**。也就是說，這裡的 menu[key] = menu[key] － 600 是指，將原本的值（價格）減去 600，再將更新後的價格，指派為該餐點的新價格。」

說完，她按下執行鈕，更新結果隨即顯示在螢幕上：

> 菜單：{'招牌地獄拉麵': 280, '三生石鹽味拉麵': 280, …(略),
> '柚香蕎麥麵': 180, '冷蕎麥麵': 140}

阿部這才舒展了愁容。「這招看起來很方便，所有餐點的價格都一口氣調降了……我也比較負擔得起了。」

「我說過要請你吃的，你忘了嗎？」張弓長笑道。「話說你想吃什麼？」

郁安看著正在研究菜單的他們，笑著說：「你們現在決定也沒用喔，我正準備修改今日供應的餐點呢。」

她往下新增了一個程式碼儲存格，對他們說：「昨天蕎麥麵賣完了，要刪去這個類別。另外，今天主廚有準備兩道特餐，所以還要再加上『今日特餐』這個類別——」

```
# 串列修改 － 類別中，刪去蕎麥麵，並新增今日特餐
category.remove('蕎麥麵')
category.append('今日特餐')

print("類別：", category)
```

> 類別：['拉麵', '烏龍麵', '今日特餐']

執行過後，郁安接著說明：「程式碼中，**remove()** **是從串列中刪去指定項目的方法**；而 **append()** **是將新項目加到串列尾端的方法**。」

「方法？這不是函式嗎？」張弓長問。

「其實兩者有些不同。」郁安解釋，「方法（method）是與物件（object）綁定的函式，必須透過物件來呼叫，用『**.**』來連接，也就是『**物件.方法()**』；而函式（function）則是獨立存在的，可以直接呼叫，不需依附於任何物件。」

聽完這番解釋，阿部搔了搔下巴，喃喃自語：「原來函式和方法是不同的東西啊……」

一旁的張弓長倒是迫不及待想知道今日特餐包含什麼餐點，催促地問：「那妳接下來是不是也要修改菜單裡的餐點？」

「沒錯，今天的特餐是牛肉煎餃和 A5 和牛丼飯！超讚的吧！」最喜歡主廚烹煮牛肉系列餐點的郁安，興奮地敲打著鍵盤：

```
# 菜單修改 - 新增今日特餐的餐點
menu['今日特餐 - 牛肉煎餃'] = 280
menu['今日特餐 - A5 和牛丼飯'] = 580

print("菜單：", menu)
```

```
菜單：
{'招牌地獄拉麵': 280, '三生石鹽味拉麵': 280, '豚骨拉麵': 180,
'醬油拉麵': 180, '味噌拉麵': 180,
'豆皮烏龍麵': 140, '温泉蛋烏龍麵': 140, '咖哩烏龍麵': 140,
'冷烏龍麵': 100,
```

```
'柚香蕎麥麵': 180, '冷蕎麥麵': 140,
'今日特餐 - 牛肉煎餃': 280, '今日特餐 - A5 和牛丼飯': 580}
```

見此執行結果，阿部仔細地研究著程式碼。「原來我們同樣可以**使用『字典名稱［鍵］= 值』，來新增或修改字典中項目的『值』**。」

「沒錯，這也是為什麼**鍵必須是唯一的**。」郁安點頭道。

張弓長發現目前為止都只有修改「值」，突發奇想地問：「那如果是因為口味更動而需要修改『鍵』呢？像是把咖哩烏龍麵改成什錦烏龍麵，該怎麼處理？」

「這種情況只能先刪掉咖哩烏龍麵，再新增什錦烏龍麵。因為字典中的**鍵是不可修改的**，如果需要改變鍵，就只能先刪除原有的鍵值對，再新增新的。」

「那要怎麼刪掉字典中的某些鍵值對？」

「剛好我現在要刪去所有與蕎麥麵相關的品項，可以順便示範給你們看──」

```
# 菜單修改 - 刪去蕎麥麵類別的餐點
# 建立一個空的串列，以存放要刪除的鍵
keys_to_remove = []

# 使用 for 迴圈來逐一檢查字典中的每個鍵
for key in menu:
    # 檢查這個鍵名中，是否包含 '蕎麥麵' 三個字
    if '蕎麥麵' in key:
        # 如果包含，就將此鍵名加入 keys_to_remove 串列中
        keys_to_remove.append(key)
```

```
# 使用另一個 for 迴圈來刪去找到的項目
for key in keys_to_remove:
    del menu[key]


print("菜單：", menu)
```

菜單：
{'招牌地獄拉麵': 280, '三生石鹽味拉麵': 280, '豚骨拉麵': 180,
'醬油拉麵': 180, '味噌拉麵': 180,
'豆皮烏龍麵': 140, '溫泉蛋烏龍麵': 140, '咖哩烏龍麵': 140,
'冷烏龍麵': 100,
'今日特餐 – 牛肉煎餃': 280, '今日特餐 – A5 和牛丼飯': 580}

　　阿部看著程式碼，皺眉問道：「為什麼要先建立一個空的 keys_to_remove 串列來存放要刪除的鍵？直接刪掉不就好了嗎？」

　　郁安耐心解釋：「如果我們在第一個 for 迴圈裡，直接使用 del menu[key] 來**刪除字典中的鍵值對**，字典的大小就會在迴圈中發生改變。

　　「你想想喔，迴圈還是會繼續執行，但此時字典的結構已被改動，這可能會導致字典裡的某些項目被跳過檢查。

　　「所以，先用第一個 for 迴圈檢查字典中的每個項目，把符合條件的鍵存到一個空的串列 keys_to_remove 中，然後再用第二個 for 迴圈來刪除這些項目。這樣就能避免因字典結構改變而產生的問題。」

　　聽完這番解釋，兩人才恍然大悟：「這樣就不會在執行迴圈時影響到原本的字典了。」

「這招要筆記起來。」張弓長立刻拿出隨身攜帶的紙筆，趁還沒忘記，迅速將今日所學記錄下來。

「好了，收工。」郁安笑著合上筆電，起身說：「差不多要開始營業囉，我先去忙了。」

「啊，真的很謝謝妳！」對於無意間學到這麼多新知，兩人對這位親切的台灣女孩滿懷感激。

「來到地府就是要互相幫忙嘛。」郁安露出燦爛的笑容，指著桌上的平板，叮囑道：「等一下用這台執行『ramen_order.ipynb』的程式就能點餐了。我們的程式會先讓客人選擇餐點的類別，再從該類別中挑選想吃的品項。」

「等等，」眼看對方就要離開，張弓長心急問道：「如果看不懂程式碼怎麼辦？」

「看不懂也沒關係，基本上只要執行程式並輸入內容就行了。」郁安笑著回答，一邊重新繫好圍裙，一邊說：「不過，因為很多人都有同樣的問題，所以我寫了篇《如何自立自強看懂拉麵店的點餐程式碼》的教學文，你們可以去地府程設板搜尋看看。」

「那就祝福兩位，點餐順利、用餐愉快。」郁安向他們鞠了個躬，便拿著筆電走向前台，準備上工。

「……笑起來好可愛。」不知怎麼地，阿部口中突然冒出這句話。

「啊？」正在開啟「ramen_order.ipynb」檔案的張弓長愣了下，指著自己問：「我嗎？」

「怎麼可能是你。」阿部一臉嫌棄地瞪了他一眼。

「那我知道是誰了。」張弓長露出戲謔的笑容，「剛剛誰說我『見色忘友』的啊？別以為我沒聽到。」

「閉嘴，點餐。」阿部罕見地有些惱羞，臉頰微微泛紅。

張弓長拿起平板，指著點餐程式說：「看來照順序一步步執行就能完成點餐。你要先點嗎？」

「我有選擇障礙，你先點。」

聞言，張弓長直接點擊執行第一個程式碼儲存格：

```python
# 今日提供的餐點類別
category = ['拉麵', '烏龍麵', '今日特餐']
print("餐點類別：", category)
```

餐點類別： ['拉麵', '烏龍麵', '今日特餐']

看到程式的輸出結果與郁安修改後的內容一致，他也就沒多想什麼，便繼續往下執行第二個儲存格，並在方框中輸入「拉麵」兩個字：

```python
# 選擇類別
selected_category = input("今天想選擇哪種類別？
                          如果沒想法請輸入 -1:")

# 如果你有選擇困難
if selected_category == '-1':
    import random
    selected_category = random.choice(category)
    print("命運幫你選擇：", selected_category)

# 如果你的選擇不在類別的串列中
elif selected_category not in category:
    print("你選擇的類別不在選項中，請重新選擇。")
```

▌ 今天想選擇哪種類別？如果沒想法請輸入 -1：拉麵

「你不吃 A5 和牛丼飯喔？」阿部問。

「伊努昨天大力推薦小孟姐的祖傳拉麵，難得到地府走一趟，怎麼能不試試看！」他一臉興奮地說。「不然你點啊，A5 和牛丼飯。」

阿部搖了搖頭，一本正經地說：「我剛才已經決定要當個沒想法的人了。」

「那你等等可別後悔喔。」說著的同時，他也不忘接續執行第三個儲存格：

```
# 今日供應的餐點
menu = {
    '招牌地獄拉麵': 280, '三生石鹽味拉麵': 280, '豚骨拉麵': 180,
    '醬油拉麵': 180, '味噌拉麵': 180,
    '豆皮烏龍麵': 140, '溫泉蛋烏龍麵': 140, '咖哩烏龍麵': 140,
    '冷烏龍麵': 100,
    '今日特餐 - 牛肉煎餃': 280, '今日特餐 - A5 和牛丼飯': 580
    }
print("本日菜單：", menu)
```

本日菜單： {'招牌地獄拉麵': 280, '三生石鹽味拉麵': 280, …(略),
'今日特餐 - 牛肉煎餃': 280, '今日特餐 - A5 和牛丼飯': 580}

「這菜單看得人眼花撩亂。」張弓長小小地抱怨著，同時執行了第四個儲存格：

```
# 篩選出所選類別的餐點與價格
filtered_menu = {key: value for key, value in menu.items()
                             if selected_category in key}


print(filtered_menu)
```

{'招牌地獄拉麵': 280, '三生石鹽味拉麵': 280, '豚骨拉麵': 180,
'醬油拉麵': 180, '味噌拉麵': 180}

阿部看著執行結果，想起了郁安最後說的話，自顧自地推論著：「菜單這麼複雜，會不會就是店家要我們先選類別，再從中點餐的原因啊？」

「也不是沒有可能。」他一邊說著，一邊執行最後一個儲存格，並在方框中輸入了「三牲石鹽味拉麵」：

```python
# 選擇餐點
selected_dish = input("今天想吃哪道餐點？如果沒想法請輸入 -1：")

# 如果你有選擇困難
if selected_dish == '-1':
    import random
    selected_dish = random.choice(list(filtered_menu.keys()))
    print(f"命運幫你選擇了 {selected_dish}，
            價格是 {filtered_menu[selected_dish]} 元")

# 如果你的選擇不在篩選結果中
elif selected_dish not in filtered_menu:
    print("你選擇的餐點不在篩選結果中，請遵循你的初衷。")

else:
    print(f"你選擇了 {selected_dish}，
            價格是 {filtered_menu[selected_dish]} 元")
```

今天想吃哪道餐點？如果沒想法請輸入 -1：三牲石鹽味拉麵
你選擇的餐點不在篩選結果中，請遵循你的初衷。

「呃啊，我只是打錯字啊啊啊──」感覺像被程式「訓斥」了般，這讓張弓長心有不甘。

而他這聲低喊成功吸引了郁安的注意。她走近一看，憋不住笑意，笑得花枝亂顫。

張弓長也一臉尷尬地陪笑著。「等等啦，再給我一次機會──」

今天想吃哪道餐點？如果沒想法請輸入 -1：三生石鹽味拉麵
你選擇了 三生石鹽味拉麵，價格是 280 元

「剛好被我看到你點什麼了，那我就去準備囉。」郁安笑嘻嘻地離開座位，留下阿部害羞地捂著臉，「天啊……笑起來真的太可愛了。」

「郁安，妳有小粉絲囉。」張弓長壓低聲音，調侃著面前耳根微紅的大叔。

他強掩自己的羞赧，一把接過平板，「閉嘴，換我點。」

只見他在選擇類別和餐點時，都輸入「-1」讓程式代選，隨後草草送出點單。見狀，張弓長又忍不住調侃：「是不是腦袋被某個可愛的笑容佔據，害得你無法思考自己要吃什麼呢？」

「你好煩，早知道就不要當個沒想法的人，直接點最貴的就好了。」

張弓長看著阿部的程式輸出結果──

今天想選擇哪種類別？如果沒想法請輸入 -1：-1
命運幫你選擇： 今日特餐

{'今日特餐 - 牛肉煎餃': 280, '今日特餐 - A5 和牛丼飯': 580}

今天想吃哪道餐點？如果沒想法請輸入 -1：-1
命運幫你選擇了 今日特餐 - 牛肉煎餃，價格是 280 元

然後沒良心地笑了。「可能你今天的運氣都用在別的地方了吧。」

點完餐後，兩人決定去看看郁安剛才提到的地府程設板教學文──《如何自立自強看懂拉麵店的點餐程式碼》。事到如今，「看到程式碼就一定要理解」已成了他們的條件反射。

「雖然已經有點基礎了，但要整段程式碼都看懂，果然還是有難度啊。」張弓長一邊搜尋，一邊嘟囔著。

嗨嗨！也想看上述教學文的朋友們，可以先跳至第 176 頁逛逛地府程設板的 ChatGPT 討論區呦！

等待餐點的同時，閒著沒事的張弓長照著教學文所述，透過一款基於**大型語言模型（LLM）**的對話式人工智慧系統 ── ChatGPT，來協助解釋程式碼。他花了一些時間，總算理清整個點餐程式的執行流程與邏輯。

他瞄了眼一旁的阿部，發現對方正魂不守舍地盯著認真上班的郁安，心裡有些無奈。「阿部，不要再看了，這樣很像變態。」他強行將大叔室友的目光從郁安身上轉移過來。

阿部這才一臉不情願地收回視線。

「我來解釋點餐程式碼給你聽，我剛剛弄懂了。」張弓長興致勃勃地拿著平板，準備和對方分享自己的成就。

殊不知，面前這位暈船仔的注意力根本沒回到程式上。「你覺得郁安會喜歡哪種類型的男生啊？」

「欸不是，你也太暈了吧？你們才剛認識不到一個小時欸！」

「我連小孩的名字都想好了。」

「醒醒吧你！」張弓長深深地嘆了口氣，無言以對。

而在氣氛凝結的此刻，所幸另一位工讀生將他們的餐點端上，這才打破了沉默。

「……你要吃一個煎餃嗎？」

「好啊，那我分你一點拉麵。」

開始用餐的兩人發現，小孟姐的祖傳湯頭與主廚的牛肉料理果然名不虛傳，兩人一臉幸福地細細品嘗眼前的美味。

待用膳完畢，滿血復活的阿部才表示，這次真的想聽張弓長解說點餐程式碼。

張弓長無奈地再次開啟程式檔案，叮囑著：「要認真聽喔，不可以再分心了。」

見阿部點頭如搗蒜，張弓長才開始說道：「程式首先在第一個儲存格中，輸出今日提供的餐點類別串列。」接著，他指向第二個儲存格：

```
# 選擇類別
selected_category = input("今天想選擇哪種類別？
                          如果沒想法請輸入 -1:")

# 如果你有選擇困難
if selected_category == '-1':
    import random
    selected_category = random.choice(category)
    print("命運幫你選擇:", selected_category)
```

「接著，程式會讓你輸入想選擇的類別，並將你的選擇指派給變數 selected_category。

「如果你選不出來，輸入了『-1』，程式就會執行 if 的程式碼區塊。先用 **import 指令引入 random 隨機模組**，再用**此模組的 choice() 函式**，從 category 串列的三個餐點類別中隨機挑選一個。」

「看來回到人間以後，我可以用 random 模組寫一個『選擇午餐』的程式。每天光是想著要吃什麼，就得煩惱老半天，這根本是選擇障礙者的救星，真是相見恨晚。」阿部感嘆道。

張弓長沒有理會懊惱的阿部，目光已經轉向程式中的 elif 部分：

```
# 如果你的選擇不在類別的串列中
elif selected_category not in category:
    print("你選擇的類別不在選項中，請重新選擇。")
```

「像我剛才打錯字的情況，程式發現輸入的選擇不在串列 category 中，就會要我重新選擇。」

阿部也跟著看向程式碼，突然有了新發現：「原來條件判斷結構只有 if-elif 也行，不一定需要 else 啊！」

見兩人討論得熱烈，送餐路過的郁安也湊上來補充一句：「只有 if 也行喔！」

呼喚再次分神的阿部回神後，張弓長加快進度說：「接著，程式會在第三個儲存格輸出今日供應的餐點字典，然後在第四個儲存格篩選出符合所選類別的餐點 ——」

```
# 篩選出所選類別的餐點與價格
filtered_menu = {key: value for key, value in menu.items()
                              if selected_category in key}
print(filtered_menu)
```

「但說真的，這段程式碼看起來有點複雜，我還是不太理解。」他坦白道。「ChatGPT 只說明這是一個『**字典推導式**』，它會檢查菜單中的餐點名稱是否包含我選擇的類別名稱。如果有，就把這個餐點的鍵值對存放到字典 filtered_menu 中。」

送完餐點再次路過的郁安又湊了上來，笑著說：「那就請 ChatGPT 幫你們改寫成初學者也容易理解的程式碼吧！」

說完，她接過他手上的平板，開啟 ChatGPT 並輸入了改寫程式碼的提示語（Prompt）：

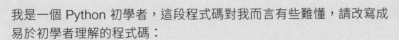

我是一個 Python 初學者，這段程式碼對我而言有些難懂，請改寫成
易於初學者理解的程式碼：

```python
filtered_menu = {key: value for key, value in menu.items()
                            if selected_category in key}
```

這段程式碼使用了字典推導式（dictionary comprehension），對初
學者來說可能比較難理解。我可以將它拆解為更容易理解的形式，
並且加上註解來幫助你理解：

```python
# 建立一個新的空字典，用來存放篩選後的菜單項目
filtered_menu = {}

# 使用 for 迴圈逐一檢查 menu 字典中的每個項目
for key, value in menu.items():
    # 如果選中的類別（selected_category）出現在 key 中
    if selected_category in key:
        # 將符合條件的 key 和 value 加入 filtered_menu 字典中
        filtered_menu[key] = value
```

這段程式碼的功能和你提供的原始程式碼相同，但我將字典推導式拆解為
傳統的迴圈和條件判斷，這樣會更容易讓初學者理解。如果有任何問題，
歡迎再問我！

　　看著它的回答，郁安滿意地點點頭。「而對於看不懂的程式碼，還
能再進一步追問 ──」

這行程式碼是什麼意思：

```
for key, value in menu.items():
```

 在這行程式碼中：

```
for key, value in menu.items():
```

意思是：這是一個 for 迴圈，它會走訪（iterate）字典 menu 中的每一個鍵值對。

- menu.items() 是 Python 字典的內建方法，會回傳字典中所有的「鍵值對」（key-value pairs）組成的可迭代物件。

- for key, value in menu.items(): 表示每次迴圈時，key 會對應字典中的一個鍵（key），而 value 會對應這個鍵對應的值（value）。

見他們豁然開朗的表情後，郁安接著說：「稍微理解之後，我們可以再次挑戰剛才那行字典推導式 ——」

可以再次逐步地解釋這行程式碼嗎：

```
filtered_menu = {key: value for key, value in menu.items()
                            if selected_category in key}
```

當然，我會逐步地幫你解釋這行程式碼：

```
filtered_menu = {key: value for key, value in menu.items()
                            if selected_category in key}
```

這段程式碼是一個 **字典推導式**（dictionary comprehension），用來根據條件從現有字典中過濾資料，並建立一個新的字典。讓我們拆解這行程式碼：

1. `{key: value for key, value in menu.items()}`

這部分是一個 **字典推導式**，類似於傳統的 for 迴圈，不過它的目的是同時建立一個新的字典。

- menu.items()：這會返回字典 menu 中的所有鍵值對（key-value pairs）。這跟我們之前說的 for key, value in menu.items(): 一樣。它會走訪整個 menu 字典，每次取得一個 key 和對應的 value。

- key: value：這部分定義了新的字典中的鍵和值。對於每個符合條件的鍵值對，會將其加入新的字典 filtered_menu 中。

2. `if selected_category in key`

這部分是條件判斷，決定是否要將該鍵值對包含在新字典中。

- if selected_category in key：這個條件判斷 selected_category（變數中的某個字串）是否出現在字典的鍵 key 的字串中。如果這個條件為真，則將該鍵值對加到 filtered_menu 中，否則忽略這個鍵值對。

整體邏輯：

- **目的**：建立一個新的字典 filtered_menu，這個字典只包含 selected_category 有出現在鍵中的項目。

- **流程**：對於每一個 menu.items() 中的 key 和 value，如果 selected_category 出現在 key 中，則將該 key 和對應的 value 添加到新的字典 filtered_menu 中。

看完 ChatGPT 的回應內容，阿部突然冒出一句：「ChatGPT 比伊努還親切耶。」

「蛤？」還在看解說的張弓長先是愣了下，然後失笑。「我倒覺得伊努比較暖耶。」

「CPU 過熱的時候說不定比伊努還暖，物理上的暖。」

「胡說什麼，快點啦！」張弓長故作正經地催促著，但眼中笑意怎麼也藏不住。「正事要緊，已經剩最後一段程式碼了 ——」

```
# 選擇餐點
selected_dish = input("今天想吃哪道餐點？如果沒想法請輸入 -1：")

# 如果你有選擇困難
if selected_dish == '-1':
    import random
    selected_dish = random.choice(list(filtered_menu.keys()))
    print(f"命運幫你選擇了 {selected_dish}，
            價格是 {filtered_menu[selected_dish]} 元")
```

還沒等對方開口，阿部搶著說：「在這裡，程式會讓我從篩選後的餐點中選擇我想吃的。如果我還是選不出來，可以再次輸入『-1』，讓 random 模組幫我隨機挑選……

「等等，下一行 print() 函式裡的 f 和大括號是做什麼用的？」看到這裡，他頓住了。

張弓長偷瞄了眼 ChatGPT，答道：「這是『**f-string**』。在字串前加上 **f**，就可以直接在字串中使用大括號『{}』插入變數的值。很方便吧？」

　　「還不賴，滿清晰直觀的。」阿部接著看向 elif 區塊 ——

```python
# 如果你的選擇不在篩選結果中
elif selected_dish not in filtered_menu:
    print("你選擇的餐點不在篩選結果中，請遵循你的初衷。")
```

　　「如果我們是自己做選擇，但像你剛才一樣手殘打錯字，或者臨時改變心意想吃其他類別，程式就會強迫我們遵循原本的初衷，也就是一開始選擇的餐點類別，才能送出訂單。」阿部說完，還順道下了評論：「其實這個設計滿不人性化的。」

　　「可能……一板一眼是地府的特色？」張弓長也做了個看似合理的推論。

　　聽到這有點失禮的發言，阿部趕緊對他比了個「噓 ——」的手勢，隨即轉移話題般指著最後的 else 區塊：

```python
else:
    print(f"你選擇了 {selected_dish}，
            價格是 {filtered_menu[selected_dish]} 元")
```

　　並說：「最後這段也用到了 f-string 對吧？如果我們選擇的餐點存在於篩選結果中，程式就會顯示所選餐點的名稱和對應的價格。」

「這樣就完成點餐流程了。」張弓長邊說邊伸了個懶腰,「感覺動完腦之後,特別想吃點甜食來慰勞一下勤奮好學的自己!」

「那麼,走吧。去商店街繼續覓食。」阿部站起身,對他說:「多虧了郁安和 ChatGPT,我們才能學得這麼有效率。等等結帳時記得向她道謝喔!」

「真是的。」張弓長一臉拿他沒辦法地嘆了口氣。

決定在商店街續攤的兩人隨即走到櫃檯結帳。這時,張弓長才驚覺自己雖然有冥卡,卻忘了提領冥紙。

在他的理解中,冥卡應該等同於人間的提款卡,而冥紙則相當於現金貨幣。

他臉色一沉,雙手合十、滿臉歉意地說:「抱歉阿部,我領完冥卡後忘記領錢了,可以麻煩你先墊一下嗎?我等等再還你。」說要請客,卻還要對方先墊錢,這種情況實在尷尬到家。

「啊?」阿部一臉不解,等待他們結帳的郁安也露出了同樣的疑惑表情。

「咦?」見兩人的反應,張弓長一臉錯愕,開始回想自己是不是說錯了什麼。

「不用領現金啊。伊努又沒跟你說了嗎？冥卡就像人間的簽帳金融卡，直接刷就好了。」

「噢！原來！」不用對方代墊，這讓張弓長鬆了口氣，隨即取出冥卡結帳。

取過冥卡，郁安好奇地問他們：「看你們剛才匆匆忙忙的，是等下有什麼安排嗎？」

張弓長將尋覓甜食或小點心、購買服飾與生活物品的打算，以及順道尋找電話卡的計畫，毫無保留地告訴了郁安。

她眼睛一亮，「我可以跟你們一起去嗎？我一直想買一隻寵物，剛好最近有些閒錢可以花用！」

張弓長看了眼阿部，只見對方耳根微紅、表情有些僵硬，於是好心地替他應答：「當然，妳什麼時候下班？」

「午餐時段結束後就能下班了。」

「那我們先繞一圈，等一下再回來找妳，然後一起過去，怎麼樣？」

「好啊，等等見！」郁安開心地在櫃檯小聲哼起歌，而付完款的兩人也走出了店面。

剛踏出拉麵店，張弓長馬上用手肘戳了戳阿部，壞笑著說：「賺到了耶兄弟，要不要我假裝肚子痛先撤退，讓你們兩人獨處啊？」

只見阿部雙頰漲紅，慌張地直搖頭，「別丟下我啊！她八成是因為跟你比較熟才想來的。而且，如果你不在，我一定會緊張到喪失語言能力。」

「齁齁——」張弓長顯然不太滿意這種說法，但既然阿部要他留下來，那就留下來吧。反正回家也只是盯著程式發呆而已。

兩個不擅長逛街的大男人並肩走在商店街，畫面看起來實在有些逗趣。

他們從街頭晃到街尾，竟一間店都沒踏進。每次都只是貼在櫥窗前，努力從縫隙朝店內張望，發現不感興趣後，便對視一眼，默契十足地轉身離開。

也因此，他們除了拉麵錢之外，再沒花過半毛錢。

儘管兩人在人間都有陪伴女友逛街的經驗，但到了這裡卻毫無用武之地。張弓長深覺這樣下去不妥。

「不然這樣好了，我們各挑兩間店進去逛，沒有花錢不能出來。」他提議道。

「哪間都可以嗎？」

「都可以。」

「那我想去剛才路過很香的那間章魚燒店，還有一間日式喫茶店。」阿部毫不猶豫地選了兩間位於商店街左側的小店。

「……」張弓長瞬間啞口無言。

是啊,他在奢望什麼?就連他自己也只對法式甜點店和義式冰淇淋店感興趣,又怎麼能期待阿部會選擇食物以外的店家呢?

將挑選的幾間小店都品嘗一輪後,也差不多到了與郁安會合的時間。於是阿部特地買了一杯抹茶拿鐵打算送給郁安,以答謝她的教學之情;另一方面,這也算是他自己的一點私心。

兩人坐在拉麵店外頭的長椅上,等著郁安下班。但椅子都還沒坐熱,就見郁安已換上便服,從店內走了出來。

她看到兩人後,馬上露出燦爛的笑容,向他們揮手。「不好意思久等了。」

「不會,我們才剛到。」阿部雙手奉上抹茶拿鐵,臉上帶著幾分忸怩的笑容,「這杯給妳喝,謝謝妳剛才在店裡教我們程式。」

「哇,這麼好,謝謝你!」郁安眼睛一亮,滿心歡喜地接過。「啊你們剛剛有買了什麼嗎?」

「焦糖蛋糕。」

「章魚燒。」

「焦糖冰淇淋。」

「抹茶。」

隨後，空氣陷入短暫的寂靜。

靜默片刻，郁安才瞪大雙眼，不可置信地看著他們，「就這樣？！」

張弓長和阿部同時點頭，一臉理所當然地回望著她。

「……」郁安無言地吸了口抹茶拿鐵，最後嘆了口氣，鞠躬說：「那……不好意思，要勞煩兩位陪我去逛寵物店了。」

「不不不，您言重了，完全不麻煩！」張弓長慌張地搖了搖手。

「對對對，反而要麻煩您帶我們逛街。」阿部也跟著附和。

「說什麼『您』啦！」見兩人的反應，郁安差點沒把口中的飲料噴出來。

三人沿途有說有笑地往寵物店方向前進。才剛一腳踏入店內，又看到一台與拉麵店類似的「平板」，讓張弓長忍不住吐槽：「天啊，地府是有完沒完！看到這台平板包準沒好事，難道今天學的東西還不夠多嗎？」

他接著拿起平板，看了一眼「pet_store.ipynb」檔案，深深嘆了口氣。「哇，這次是一大坨購買寵物的程式碼啊……」

　　阿部也湊了過來，看向第一個儲存格，皺眉道：「這又是什麼資料型別啊？怎麼看起來有點像 csv 格式。」

```
# 型別 - 串列與元組
pets = [
    ('雞', '海蘭蛋雞', '白色', '下蛋', 999),
    ('鳥', '鸚鵡', '彩色', '開槓', 2999),
    ('牛', '乳牛', '黑白斑紋', '產奶', 4999),
    ('貓', '暹羅貓', '黑米色', '顏值擔當', 5999),
    ('蛇', '球蟒', '黑褐色圓斑紋', '裝可愛', 9999),
    ('狗', '邊境牧羊犬', '棕白色', '聰明、高智商', 19999),
    ('狗', '哈士奇', '灰白色', '吵鬧擔當', 29999),
    ('貓', '英國短毛貓', '灰藍色', '抓老鼠', 49999),
    ('狗', '黃金獵犬', '金色', '搜救', 69999),
    ('鳥', '老鷹', '棕色', '狩獵', 99999),
    ('蛇', '百步蛇', '灰棕色三角紋', '攻擊、劇毒', 999999),
    ('豹', '雲豹', '黃褐色斑紋', '迅捷、敏捷', 9999999),
    ('馬', '赤兔馬', '紅色', '日行千里，夜行八百', 99999999)
]

print("寵物：", pets)
print(type(pets))
print(type(pets[0]))
```

```
寵物： [('雞', '海蘭蛋雞', '白色', '下蛋', 999), …(略),
('馬', '赤兔馬', '紅色', '日行千里，夜行八百', 99999999)]
<class 'list'>
<class 'tuple'>
```

　　郁安也跟著湊近看程式碼，再度擔任起他們的小老師。「這個變數名為 pets，是一個由**中括號包住的串列（list）**，裡面裝了好幾個由**小括號包起來的元組（tuple）**。

「每個元組代表一隻寵物，裡面包含五個元素。依序是『動物類別（物種）』、『品種』、『花色』、『專長』和『價格』。」

阿部點頭，確認道：「也就是說，這個 pets 本身是一個『串列』，串列裡的每個元素是『元組』，而元組裡面則是一隻寵物的完整資訊。」

「是的。」郁安隨即補充：「串列能夠容納各種型別的資料，並且可以隨時新增、移動、修改或刪去其中的元素。

「而**元組則是一種不可變的結構**，意思是元組一旦建立後，裡面的元素就無法改變。這樣的設計很適合用來儲存固定且不需要修改的資料。」

此時，張弓長想起了中午的字典 menu，便問道：「那為什麼不用字典來存放每隻寵物的資料呢？像菜單那樣用鍵值對不是更直觀嗎？」

郁安耐心答道：「當然也可以用字典，但這裡用元組會更加俐落。因為元組中的資料順序是固定的，僅靠位置就能知道每個元素的意義，即可直接透過索引取出資料，不需要像字典那樣透過鍵來取值。」

「而且，元組的不可變性在某些情況下能提高程式的穩定性。」

對於這番詳細解說，兩人頻頻點頭表示理解，並再次細看程式碼。這時，看到最後一行的阿部心生疑問：「前面的程式碼都看懂了，但是最後一行的那個 pets[0] 是什麼意思？」

```
print(type(pets[0]))
```

「啊，那個 pets[0] 是用來取出串列 pets 的第一個元素，也就是第一個元組 ——（'雞', '海蘭蛋雞', '白色', '下蛋', 999）。其中 [0] 是因為**串列的索引是從 0 開始的，而不是從 1**。

「因此，透過 print(type(pets[0])) 就能顯示 pets 中第一個元素的資料型別，也就是元組（tuple）。」

「那麼，依此類推，pets[1] 就是指『鸚鵡』那筆資料囉？」張弓長舉一反三，問道。

「沒錯，」郁安笑著點頭：「透過這種索引方式，我們可以輕鬆取出串列中的任何一筆資料。」

聞言，阿部又接著問：「那如果我想取出某個元組裡的特定值呢？像是該怎麼取出鸚鵡的價格？」

「這還不簡單，我們可以使用**雙重索引**，也就是 pets[1][4]。其中的 pets[1] 代表鸚鵡的元組，而後面的 [4] 代表該元組中的**第五個元素**，也就是價格 2999。」

這時，張弓長突然笑了出來，「鸚鵡元組的第四個元素那邊居然連『開槓』都出現了，這麼道地的台味是怎麼回事！」

日本人阿部則一頭霧水，「『開槓』是什麼意思？」

「這是台語，是『聊天』的意思。」郁安回答後，又摸了摸下巴，道：「我倒是比較好奇，這裡真的有賣赤兔馬嗎？店家是不是想說這個天價沒人買得起，所以隨便唬爛的？」

張弓長也跟著起鬨：「噢還有，英國短毛貓的專長是抓老鼠，這確定沒有廣告不實嗎？我記得湯姆貓的原型就是英國短毛貓，但牠不是一直抓不到傑利鼠嗎？」

「那個雲豹其實也滿扯的，老闆是不是沒有打算好好做生意？」郁安接著說。

見她已在瀏覽寵物清單，阿部關心地問：「郁安，有看到想買的寵物嗎？」

「如果不考慮錢的話，我當然想每天騎赤兔馬上下班，可惜這金額我可能工作一輩子都付不起。」她聳肩嘆氣道。「既然如此，我可能會選擇沒什麼實際用途卻又好飼養的球蟒吧。而且，論抓老鼠，球蟒肯定比湯姆貓有用。」

聞言，張弓長點頭笑著說了聲「確實」。

「那我決定了，就買球蟒吧！」後續程式碼郁安連看都不看，便滿懷幹勁地轉身，準備直接去櫃檯選購。

但阿部和張弓長卻同時伸手攔住她：「等等等等等⋯⋯」

張弓長急道：「現在看到程式碼，如果沒有讀懂真的會不甘心離開！」

阿部則在一旁頻頻點頭，無聲地附和著。

他們倆在郁安面前「求學若渴」的模樣讓她忍不住莞爾。「你們果然是那種越學越有勁的類型。好吧，好歹我算是你們在地府的前輩，也剛好沒急著走，就多教你們一些吧！」郁安拍拍胸脯說道。

兩個大男人連忙表達感謝，說著「一定會請妳吃飯！」後，便一同看向「pet_store.ipynb」檔案中的第二個程式碼儲存格：

```python
# 型別 - 集合
# 建立一個空的集合以存放所有物種
species_set = set()

# 使用 for 迴圈走訪串列中的每個寵物元組
for pet in pets:
    # 將每個元組的第一個元素（物種）加到物種的集合中
    species_set.add(pet[0])

print(f"有哪些物種: {species_set}")
print(type(species_set))
```

有哪些物種: {'狗', '雞', '豹', '馬', '鳥', '蛇', '牛', '貓'}
<class 'set'>

「慘了，繼串列（list）、字典（dictionary）與元組（tuple）後，這次又是什麼？」張弓長皺眉嘀咕著。

「這裡使用了**集合（set）**來存放物種資料。集合的特點在於 ——**它不允許任何重複的元素**，而且是**無序**的，也就是說，它不會按固定順序儲存資料。」

「難怪會選用集合，即使串列 pets 裡有三種品種的狗，到了集合裡也只會出現一次『狗』這個物種。」阿部若有所思地說。

「是的，看起來是為了避免我們看得眼花撩亂的貼心設計呢，就跟我們店的菜單一樣。」郁安笑道。

理解集合特性的張弓長，開始試圖釐清整個邏輯：「這段程式碼首先用 set() 建立一個空的集合 species_set，接著會用它來存放所有的物種。」

```
# 建立一個空的集合以存放所有物種
species_set = set()

# 使用 for 迴圈走訪串列中的每個寵物元組
for pet in pets:
    # 將每個元組的第一個元素 （物種） 加到物種的集合中
    species_set.add(pet[0])
```

他頓了頓，接著說：「然後用一個 for 迴圈來走訪串列 pets 裡的每個元組……其實我到現在還是不太明白 for pet in pets: 那個迴圈變數『pet』的作用。」

郁安隨即解釋：「這是 for 迴圈的常見用法，每次執行迴圈時，串列 pets 中的下一個元組會被自動賦值給 pet，方便在迴圈內操作。」

「也就是說，每執行一次迴圈，pet 就依序代表不同的元組，接著透過 pet[0] 取出元組裡的第一個元素，也就是物種名稱，並透過 **add() 方法**加到集合 species_set 裡。」張弓長試圖將整個程式邏輯串聯起來。

阿部也接著補充：「又因為集合不允許重複的元素，所以每種物種只會出現一次。」

身為「前輩」的郁安，見自己似乎講解得當，兩人也逐漸理清思路，不禁感到欣慰。

越學越有成就感的兩人，迫不及待地看向第三個儲存格，執行了起來——

```python
# 挑選感興趣的物種
# 建立一個空的集合來存放所選的物種
selected_species = set()

# 無窮迴圈，用來持續讓使用者挑選物種
while True:
    species = input("想挑選的物種：")

    # 如果使用者輸入的物種在物種集合 (species_set) 中
    if species in species_set:
        # 將該物種加入所選的物種集合 (selected_species) 中
        selected_species.add(species)
    else:
        print("沒有這個物種！")

    # 詢問使用者是否繼續挑選物種，如果使用者輸入 0 則跳出迴圈
    if input("是否繼續挑選？不繼續請輸入 0：") == '0':
        break  # 結束迴圈

print("所選的物種：", selected_species)
```

```
想挑選的物種：a83
沒有這個物種！
是否繼續挑選？不繼續請輸入 0：1
想挑選的物種：馬
是否繼續挑選？不繼續請輸入 0：1
想挑選的物種：蛇
是否繼續挑選？不繼續請輸入 0：0
所選的物種： {'馬', '蛇'}
```

郁安看著那個突兀的「a83」，指著阿部笑道：「你們兩個今天怎麼都在打錯字！」

「嘿嘿……」見郁安因為自己的失誤而笑開懷，阿部也不好意思地搔了搔頭，跟著傻笑起來。

「他只是忘記切換成中文啦！」張弓長插著腰，一臉「沒救了」的表情看著阿部的傻樣。接著，他轉向郁安問道：「這是不是有點類似拉麵店的做法？先讓我們選擇感興趣的物種，程式再篩選出符合物種的寵物元組，最後再讓我們從篩選結果中選購寵物。」

「沒錯。而這段程式碼負責的部分，是讓你反覆輸入想挑選的物種，直到你決定不再選擇為止。為了設計一個可供使用者不斷輸入的機制，使用了『while True 無窮迴圈』。」

見兩人紛紛露出疑惑的表情，郁安進一步地說明：「意思是，**這個迴圈會不斷執行，直到我們用關鍵字『break』跳出迴圈才會結束**。」

「好酷！」張弓長興奮道：「只要我不輸入 0，程式就會一直問我想挑選什麼物種耶！」

「這可能是考量到每個人感興趣的物種不一定只有一種吧？」郁安推測，並思索著：「也對，像我們吃飯時也不一定只點一份餐點，看來拉麵店的點餐程式碼也需要優化一下了。」

阿部則認真地研究著程式碼，分析道：「在這個無窮迴圈裡，包含了一個 if-else 結構和一個獨立的 if 結構——」

```python
# 如果使用者輸入的物種在物種集合 (species_set) 中
if species in species_set:
    # 將該物種加入所選的物種集合 (selected_species) 中
    selected_species.add(species)
else:
    print("沒有這個物種！")

# 詢問使用者是否繼續挑選物種，如果使用者輸入 0 則跳出迴圈
if input("是否繼續挑選？不繼續請輸入 0：") == '0':
    break  # 結束迴圈
```

「前者負責判斷我們挑選的物種是否存在於物種集合 species_set，如果有，就將它加入所選物種的集合 selected_species 裡。

「後者則負責詢問我們還想不想繼續挑選物種，如果不想，就使用 break 跳出這個無窮迴圈。」

張弓長驚嘆一聲：「原來有兩個 if 條件結構啊，你不說我還沒發現呢！」

看到郁安笑著對自己點頭鼓勵，阿部也越發勤奮，興沖沖地執行第四個儲存格：

```python
# 根據所選的物種來篩選寵物
# 建立一個空的串列來存放所選的寵物
filtered_pets = []

# 使用 for 迴圈來篩選符合所選物種的寵物
for pet in pets:
    # 如果該寵物的物種存在於所選的物種集合中
    if pet[0] in selected_species:
        # 將該寵物元組加入篩選的串列中
        filtered_pets.append(pet)

print("篩選的寵物：", filtered_pets)
```

篩選的寵物：
[('蛇', '球蟒', '黑褐色圓斑紋', '裝可愛', 9999),
('蛇', '百步蛇', '灰棕色三角紋', '攻擊、劇毒', 999999),
('馬', '赤兔馬', '紅色', '日行千里，夜行八百', 99999999)]

　　郁安指著程式，笑道：「像這種結構和行為的程式碼，你們今天應該已經看到膩了吧？」

　　張弓長點頭，「是有點膩了沒錯，只是不太明白為什麼這裡要建立空串列，而不是像前面那樣建立空集合？」

　　郁安隨即執行了最後一個儲存格，解釋著：「這是因為程式最後要你從篩選出的寵物串列中，以索引的方式選購一隻寵物。

　　「而串列是有序的資料結構，可以透過索引取出其中的元素；但集合是無序的，無法以索引取值。」

說完，便在「選購寵物，請輸入序號 0 至 2：」右側的方框中輸入了「0」——

```
# 買家從篩選的寵物中選購寵物
choice = int(input(f"選購寵物，請輸入序號 0 至
                    {len(filtered_pets)-1}:"))

if 0 <= choice < len(filtered_pets):
    print(f"您選購的寵物：{filtered_pets[choice][1]}，
            價格：{filtered_pets[choice][4]} 冥幣")
else:
    print("無效的序號！")
```

選購寵物，請輸入序號 0 至 2：0
您選購的寵物：球蟒，價格：9999 冥幣

接著說：「這裡的序號其實就是串列的索引值，一樣是從 0 開始；而 len(filtered_pets)-1 則是串列中最後一個元素的索引值。

「其中的 len(filtered_pets) 會回傳篩選的寵物串列中的元素個數，而串列中共有三個元組，所以 len(filtered_pets) 是 3。」

「原來如此。」阿部推了推眼鏡。「那麼，接下來的 if-else 結構就會檢查我們輸入的序號是否在提示訊息的範圍內。如果符合，就會顯示選擇的寵物和對應的價格。」

郁安接過話題，對阿部的解說做了進一步的說明：「其中，filtered_pets[choice] 會從篩選後的寵物串列中，根據我們輸入的序號取出對應的寵物元組。

「再透過 filtered_pets[choice][1] 取出寵物元組的第二個元素 —— 品種，以及 filtered_pets[choice][4] 取出第五個元素 —— 價格。」

張弓長也跟著補充了句：「最後，用 **f-string** 來格式化字串，直接將變數的值嵌入進去，讓輸出的結果更具可讀性。」

將資料送出後，郁安前往櫃檯付款，準備接回她的新寵物 —— 球蟒。幾分鐘後，她抱著那條小小的蟒蛇，笑嘻嘻地回到張弓長和阿部身邊。

「你們看，牠小小隻的，還縮成一團球，好可愛喔！」她開心地將球蟒捧在臉旁，一副寵愛有加的模樣。

張弓長湊上前，伸手想摸摸牠，「花色好特別，好像豬血糕喔哈哈 ——」不料他話還沒說完，就被小蛇輕咬了下。

「哇，沒事吧？」見狀，阿部立刻緊張地上前查看張弓長的傷口。

「沒事沒事，其實不痛，只是嚇一跳而已。」張弓長看著那滲出一點血的微小傷口，樂天地說。

「不用擔心，球蟒沒有毒。」郁安一手任由小蛇纏著，另一手輕撫著牠的身子。「其實我在人間就想養了，所以查過很多資料，但家裡人怕蛇，只好作罷。現在來地府總算是圓夢了！」

「恭喜妳耶！那妳想幫牠取什麼名字？」張弓長好奇問道。

「嗯……那你就叫做『低匯貴』好了，這是台語的『豬血糕』喔。」郁安笑瞇瞇地對著球蟒說，「這個名字是弓長叔叔給我的靈感喔！」

「噗……弓長叔叔！」阿部失笑。而一旁的張弓長則眼神死地盯著那條毫不知情的小蛇。

「話說你們不買寵物嗎？」郁安轉頭問。

「不了，我錢不多。」阿部搖了搖頭回道。

「我也不了，反正很快就會離開地府了。」張弓長淡淡地說著，率先踏出了寵物店。

「咦，好吧。」郁安看起來有些失望，「低匯貴，你沒有朋友了。」隨即抱著球蟒跟了出去。

阿部則是先幫郁安扶了下門，才跟在他們身後走出店面。

「對了郁安，妳打算繼續留在地府嗎？不然怎麼會想買寵物？」阿部忽然想到，便問道。

聞言，張弓長也跟著問：「對呀，而且感覺妳好像來一陣子了，妳究竟來了多久？不想回去嗎？」

「一開始是很想回去沒錯，也跟你們一樣認真學程式，希望能盡早拿到證書回到人間。可是中途，負責指導我的地府工程師向我告白，我婉拒後，他就不教我了。

「在那之後我只能靠著網站上的資料和 ChatGPT 自學，但效率真的很差。再加上後來快沒錢了，就在商店街打工過日子。到現在，來這裡已經兩個月了，也不過才學到函式而已……」郁安聳聳肩，苦笑著。

「原來還有這麼一段故事……」阿部心一沉。越認識郁安，越能感受到她的樂觀、韌性與堅強，這讓他又更加欣賞眼前這位努力生活的女孩。

「雖然暫時回不去了，也沒辦法聯繫人間，但我也漸漸習慣了地府的生活，就當是在地府打工度假吧。有工作、有朋友，還有低匯貴陪我，日子也不算差。」

「說到聯繫人間，其實好像也不是完全沒可能。」張弓長回想起昨晚伊努在大石頭上的那番話，說道：「我們的程式指導員提過，傳說中有種可以打回人間的電話卡，但不知道該去哪裡買……妳有聽說過這東西嗎？」

郁安思索了一下，搖頭道：「我在商店街打工，也逛遍了每間店，但從沒聽過什麼電話卡耶。」

「這樣啊……想說有的話，或許我們都能打電話回去了。報個平安也好，順便問問他們過得怎麼樣……」張弓長失望地垂下頭。

「這種事情，也許直接問掌管地府的人會更有效率一點。」年紀較長的阿部提出了建議。「郁安，妳和小孟姐算認識嗎？」

「算認識，但我跟她不熟耶。」郁安露出了苦惱的表情。「不過前幾天在酒吧打工的朋友提到，小孟姐最近好像會去試做七夕情人節特調。我晚點問朋友是哪一天，再聯絡你們一起去酒吧找她，怎麼樣？」

「幫大忙了，那就拜託妳了！」張弓長感激地道謝。三人隨即交換了 mail，方便之後互相聯絡。

晚間的 404 號房裡，兩個大男人盤坐在宿舍地板上，如正值青春年華的大學生般暢談戀愛話題。

其實半小時前，他們還在座位上討論這幾日學習的程式概念。畢竟教學的進度頗快，若不繃緊神經學習，很容易跟不上進度。

所幸有 ChatGPT 和 Colab AI 等工具可供即時詢問，以減輕理解上的壓力。

然而，複習到一半，張弓長突然收到郁安的 mail，告知明天晚上小孟姐會出現在酒吧的消息。他立刻放下手邊工作，轉而詢問阿部要不要一起去酒吧詢問關於電話卡的事。

「當然要去。」阿部毫不猶豫地答應。「不過我那天應該不會喝酒，

有點擔心喝酒後郁安的安危，想陪她走回宿舍。」

「你可不能對人家動手動腳喔！」張弓長故意調侃。

「我才不是那種人！」阿部連忙反駁。

聊得正起勁時，門外忽然傳來敲門聲。阿部困惑地看向房門，張弓長則快步起身前去應門。「果然是伊努！」

「喔？伊努怎麼會來？」

「他來拿鑰匙的。」張弓長答道，同時示意伊努脫鞋進屋。除了還鑰匙，他還準備了小禮物要送給伊努。

「給，這是我今天在商店街買的抹茶巧克力餅乾，吃起來不太甜，你應該會喜歡。」張弓長笑著遞了一盒餅乾。

阿部才反應過來，「原來你今天買的餅乾是要送伊努的！」

「這麼突然？」倒是伊努有些受寵若驚，完全在意料之外。

「我就想謝謝你的照顧，不行喔？」

見他略感害羞而嘴硬的模樣，伊努笑道：「謝啦。那我現在就開來一起吃吧？」

三人圍著圈盤坐在地，中間擺著拆開包裝的抹茶餅乾，此情此景頗有學生宿舍閒聊的氛圍。

「對了,我昨天說的電話卡,你有找到嗎?」伊努關切地問。

「這件事,說來話長。」張弓長將今天商店街的經歷鉅細靡遺地講給伊努聽。他提到,他們巧遇了昨天為他帶路的女生,對方不僅教會了他們迴圈和進階資料型別,還願意協助尋找電話卡,並相約明晚一起去酒吧找小孟姐詢問。

「所以,你明天要不要跟我們一起去酒吧?」張弓長問。一旁的阿部也一臉期待地望向他。

「正好我也需要放鬆一下,明天就去湊個熱鬧吧。」伊努爽快地答應。「也好久沒見到小孟姐了。」

「那就是我們四個去對吧?要直接約個時間在那邊集合嗎?」阿部問。

「都可以啊。但你不陪她去嗎?」張弓長反問。

「陪誰?你們剛剛說的那個女生嗎?」少了一天的相處,伊努完全跟不上他們的話題。

張弓長這才意識到自己說溜了嘴,連忙捂住嘴巴,眼神偷偷飄向阿部。好在阿部看起來毫不介意,反而安撫他:「沒事,這不是什麼不能讓伊努知道的事,但要注意不能讓郁安知道喔。」

見張弓長頻頻點頭,他轉向伊努解釋:「我對那個女孩有點好感,想多認識她一點。」

「但你們最終不都要各自回人間嗎？如果真的成了，這樣豈不是遠距離？」伊努語氣裡滿是擔憂。

阿部的表情變得格外柔和，「如果真的有幸走到那一步，再來打算也不遲。我在人間無牽無掛，要留下來，或者我跟她走，都無所謂。」

「……你不怕她在人間有另一半嗎？像我在人間也有個女朋友耶。」張弓長說完才驚覺，這幾天的忙碌讓他差點忘了女友的存在。

「那也無妨，就祝福他們。」阿部語氣平靜，帶著一絲釋然。「不過，她來地府也兩個月了，感情會怎樣也難說。」

反倒伊努對於張弓長有女友這件事感到震驚，「原來你有女朋友了？」

「對啊，從高中交往到現在。」他頓了頓，又說：「不過我在人間昏迷了這麼多天，或許她已經離開了也說不定……沒有人想和一個昏迷不醒的人談戀愛。」

伊努輕拍了他的肩，「買到電話卡就趕快打電話給她吧。」

「正有此意。」

阿部的碎碎念

都已經 37 歲了，還能像這樣整天和 20 多歲的年輕人鬼混，這是我從沒想過的事。

其實，我很感謝、也很享受來地府的這段過程。不僅讓我忙碌的生活得以喘口氣，也讓我重新審視自己的生活方式。或許，是時候做些改變了。

活得越久，越害怕改變，也少了很多年輕時的熱血和勇氣。即使對現況有所不滿，卻覺得自己還算應付得來，不知道換了工作或生活環境會不會更好，索性就這樣將就著過下去。

過一天是一天，直到我倒下的那天。

卻沒想過來到地府後，能夠接觸到這麼多新的事物。像今天就學了 **for 迴圈**與 **while True 無窮迴圈**，還有那些複雜的資料型別 —— **串列**（list）、**字典**（dictionary）、**元組**（tuple）和**集合**（set）。這些原本是我沒時間、也不敢去嘗試的內容，如今竟然一一體驗到了。

所幸遇到了好的老師、好的室友，讓我在這裡的學習過程輕鬆愉快、無憂無慮，彷彿回到了久遠的學生時期。不論在學習方面還是愛情方面，他們都很有衝勁，甚至熱心地幫我製造機會，鼓勵我要勇敢追愛。年輕真可怕。

說到這，真的很不可思議 —— 原來，我還會有心動的感覺啊。這種感覺好久沒有了，既陌生，又難處理。

不過，我倒也沒有想和她交往之類的想法，畢竟才剛認識，也不熟。只是單純覺得這個女孩活潑開朗、有朝氣，笑起來很可愛，又自立自強。她身上淨是一些我沒有的人格特質，我不過是單純欣賞她而已。

我不想再說下去了，怕你們聽了會覺得我是個變態大叔。

總之，這幾天被他們的活力和行動力感染，讓我有了更多的情緒變化，感覺自己的笑容明顯多了起來。還能跟他們開開玩笑，有時甚至害我不要臉地以為自己與他們年紀相仿。

這樣的生活也許在不久後就會結束，但一定會成為我一輩子的珍貴回憶。

畢竟，我從他們身上得到太多了。

地府村民交流魍 > 程設板

分類	ChatGPT
作者	yu_an
標題	［教學］如何自立自強看懂拉麵店的點餐程式碼

嗨囉！我是在商店街拉麵店打工的郁安（≧ω≦）ゞ

最近上班時，常有客人反應看不懂我們家的「ramen_order.ipynb」點餐程式碼，因此寫這篇文章讓大家知道怎麼跟 ChatGPT 合作，靠自己的力量看懂它！

首先，請登入「ChatGPT」。成功登入後，會看到如下圖的畫面：

點擊畫面左上角的「ChatGPT 4o」可以切換模型，但我自己是覺得這個模型已經很夠用了啦～（btw 免費版使用者無法切換模型喔～）

接著，請在對話框中輸入以下提示詞（Prompt）：

我是一個 Python 初學者，以下為拉麵店的點餐程式碼的第一部分，請逐行詳細
為我解說程式碼。

先別急著按下 Enter 鍵送出喔！可以先按 Shift ＋ Enter 鍵換行，
然後貼上「ramen_order.ipynb」中的程式碼，稍等一會，就會看到
ChatGPT 為我們「逐行」詳細解說程式碼：

以下為程式碼的逐行詳細解說：

第一段程式碼

```python
# 今日提供的餐點類別
category = ['拉麵', '烏龍麵', '今日特餐']
print("餐點類別：", category)
```

複製程式碼

1. `category = ['拉麵', '烏龍麵', '今日特餐']`：
   - 這行建立一個名為 `category` 的變數，並將一個串列賦值給它。
   - 串列內容包含三種選項：`拉麵`、`烏龍麵` 和 `今日特餐`。
   - 這是你今天拉麵店提供的餐點類別。
2. `print("餐點類別：", category)`：
   - 使用 `print` 函式將文字和變數內容顯示在螢幕上。
   - 輸出範例：`餐點類別： ['拉麵', '烏龍麵', '今日特餐']`。

上圖只有 ChatGPT 的部分回覆，大家可以動手試試看。而對於沒學
過的內容，還可以進一步追問，像是：

請問你所說的「串列」和「字典」分別是什麼？

按下 Enter 鍵送出之後，就會看到它詳細說明「串列」和「字典」分
別的定義與特性。除此之外，還會提供範例程式碼，以及兩者之間的

差異比較表：

「串列」和「字典」是 Python 中的兩種常見資料結構，它們用來儲存和管理資料，特性和用途不同。以下為詳細解釋：

1. 串列（List）

定義

- 串列是**有順序的資料集合**，可以包含任何類型的資料（數字、字串、甚至其他串列）。
- 使用**方括號 []** 定義，元素之間以逗號 ，分隔。

特性

1. **有順序性**：元素有固定的排列順序，並且可以用索引（從 0 開始）存取。
2. **可變性**：可以新增、刪除或修改元素。
3. **允許重複值**：串列中可以有重複的元素。

上圖同樣只有 ChatGPT 的部分回覆，不過真的很推薦大家試試看。ChatGPT 對於程式學習很有幫助，像我自己本身也是透過它來輔助學習的。

那就這樣啦～希望這篇文章有幫助到你！掰掰！

推 meng：我們家的祖傳湯頭真的很讚喔！推推！

哇～是野生的小孟姐！♥

推 inuqq：地府工程師路過補充個↓

推 inuqq：除了讓 ChatGPT 為我們「解釋」程式碼之外，還能請它依照我們提供的需求，為我們「改寫」或「生成」程式碼，甚至還能為程式碼「添加註解文字」或「除錯」。

地府村民交流魁 > 程設板

分類	Python
作者	changchang
標題	［筆記］for 迴圈、無窮迴圈與進階資料型別

安安，是我，那個被機車撞昏而莫名來到地府的菜逼八。

上一篇寫了各種運算子與條件判斷的筆記。而在今天，不過是去商店街吃個拉麵、買個寵物，居然也能學到 for 迴圈、while True 無窮迴圈，以及比較複雜的資料型別 —— 串列、字典、元組和集合。

除此之外，還學會透過 ChatGPT 輔助學習程式，所以這次的文章，有請它補足了我沒學過的內容。說實話，這種學習效率已經遠遠超乎我的想像，我要瘋了。

但還是老話一句，如果這份筆記也能幫助到同為程式小白的你，那我會很開心。

for 迴圈

for 是用來做重複工作的迴圈工具，它會依序取出可迭代物件中的每個元素，並將其指派給迴圈變數，然後執行縮排的程式碼區塊。

範例程式：

```
name = '蔡逼八'
for char in name:
    print(char)
```

```
蔡
逼
八
```

補充說明：

● 上述 for 迴圈會一個個取出字串中的字元，並將它指派給迴圈變數 char。

● in 的後方需接一個可迭代的物件，如字串、串列等。

● 迴圈內部的程式碼需要縮排（通常是 4 個空格）。

while True 無窮迴圈

while 是另一種迴圈，但我目前還沒學到它的正規用法（inuqq 說他過幾天會教我），只有聽說後接的條件成立（True）時，就會執行縮排的程式碼區塊，直到條件變成 False。

這就是為什麼「while True」是無窮迴圈的原因，也因此，我們需要在迴圈內部加入中止條件，並以關鍵字 break 來跳出迴圈。

範例程式：

```
while True:
    response = input("要退出迴圈嗎？(y/n)：")
    if response == 'y':
        break
```

要退出迴圈嗎？(y/n)：n
要退出迴圈嗎？(y/n)：n
要退出迴圈嗎？(y/n)：y

串列（list）

串列是有序的資料結構，可以儲存多個不同型別的元素，且內容可修改。

範例程式：

```
person = ['蔡逼八', 23, 169.5]
print(len(person))  # 輸出 3
print(person[0])  # 輸出 蔡逼八
print(person[len(person)-1])  # 輸出 169.5
print(person[-1])  # 輸出 169.5
print(person.index('male'))  # 輸出 2
person.append('male ')  # 變成 ['蔡逼八', 23, 169.5, 'male']
person.pop()  # 變成 ['蔡逼八', 23, 169.5]
person.remove(23)  # 變成 ['蔡逼八', 169.5]
```

補充說明：

• 以 [] 建立空串列。

• 透過 len() 函式取得串列長度。

- 索引從 0 開始，如 person[0] 取出第一個元素，person[len(person)-1] 取出最後一個元素。
- 可使用負索引取值，如 person[-1] 也可取出最後一個元素。

常見方法：

- .index()：回傳指定元素的索引值。
- .append()：加入新元素到串列尾端。
- .pop()：移除最後一個元素並回傳該值。
- .remove()：移除指定的元素。

字典（dictionary）

字典是無序的鍵值對（key:value）資料結構。其中「鍵」是索引，「值」是內容，可透過「以鍵取值」的方式快速查找資料。

範例程式：

```
person = {'name':'蔡逼八', 'age':23, 'height':169.5}
print(len(person))  # 輸出 3
print(person['name'])  # 輸出 蔡逼八
print(person.get('name'))  # 輸出 蔡逼八
print(person.get('sex'))  # 輸出 None
del person['height']  # 變成 {'name': '蔡逼八', 'age': 23}
person['height'] = 169.5
# 變成 {'name': '蔡逼八', 'age': 23, 'height': 169.5}
person['height'] = 185
# 變成 {'name': '蔡逼八', 'age': 23, 'height': 185}
```

補充說明：

- 以 {} 建立空字典。
- 透過 len() 函式取得字典長度。

- 可使用 del 刪除指定鍵值對。
- 可透過「字典名稱 [鍵] = 值」新增鍵值對,或修改值。

注意事項:
- 鍵必須唯一,值則可以重複。
- 鍵不可修改,但值可以。

常見方法:
- .get():根據鍵取得值,避免錯誤。
- .keys():回傳所有鍵。
- .values():回傳所有值。
- .items():回傳所有鍵值對。

元組(tuple)

元組和串列很像,都是有序的資料結構,但元組一旦建立就不能修改,
適合用來儲存固定不變的資料。

範例程式:

```
species = ('貓', '狗', '狗')
print(len(species))  # 輸出 3
print(species[0])  # 輸出 貓
print(species.index('狗'))  # 輸出 1
print(species.count('狗'))  # 輸出 2
```

補充說明:
- 以 () 建立空元組。但因元組不能修改,建立之後也沒什麼用。
- 透過 len() 函式取得元組長度。
- 索引從 0 開始。

常見方法：

- .index()：回傳指定元素第一次出現的索引值。

- .count()：計算某元素出現次數。

集合（set）

集合是無序且不重複的資料結構，適合用來過濾重複值。

範例程式：

```
species = ('貓', '狗', '狗')
species_set = set(species)
print(species_set)  # 輸出 {'狗', '貓'}
print(len(species_set))  # 輸出 2
species_set.add('蛇')  # 變成 {'狗', '蛇', '貓'}
species_set.remove('狗')  # 變成 {'蛇', '貓'}
```

補充說明：

- 以 set() 建立空集合。

- 透過 len() 函式取得集合長度。

注意事項：

- 因集合是無序的，取出的順序可能和加入時不同。

常見方法：

- .add()：加入新元素。

- .remove()：移除指定元素。

- .union()：集合聯集，回傳新集合。

- .intersection()：集合交集，回傳新集合。

最後，

因為我現在還很菜，如果有寫錯的或是任何想補充的，可以直接在下面留言。

以上，謝謝大家 XD

推 yu_an：太認真了吧！好呱張！

推 abe_kei：就決定樓主的新綽號是「呱張」了！

太難聽了吧！(#`Д´)ノ

推 meng：聽起來跟「張張」差不多啊（笑。

推 inuqq：正常人路過，補充一下↓

推 inuqq：可用「串列切片」快速取出串列中的部分元素，如
person[0:2] 取出索引 0 到 1 的元素（不包含索引 2 的元素）。

推 inuqq：執行結果會是 [' 蔡逼八 ', 23]。

第四章

天將降大任於是人也，
必先定義函式

經過一整天的忙碌，他們終於等到了相約去酒吧的夜晚。夜幕低垂，街燈逐漸亮起，張弓長和阿部一同從 404 小木屋步行前往，伊努和郁安則在下班後分別從不同方向趕來。

他們照著郁安手繪的地圖，走到商店街中段，穿過一條狹窄到僅容一人通行的神祕巷子，一棟被綠色植物與花草環繞的獨棟建築隨即映入眼簾。

建築物的外觀呈低調的清水模牆面，大片落地窗映出裡頭幽暗的燈光，以及深灰色泥牆與深褐色木質裝潢交織出酒吧幽靜的氛圍。整體給人一種沉穩內斂的感覺。

這裡正是郁安口中的酒吧。它沒有招牌，似乎只接待熟客，或是誤打誤撞踏入店內的有緣人。

張弓長和阿部輕手輕腳地推門而入，發現吧台前已坐了客人，那個人正是伊努。

「你怎麼那麼早？」張弓長一邊拉開伊努右邊的高腳椅，準備坐下。

「今天規劃的專案進度完成了，我就提早下班來找小孟姐聊天。」

「啊，原來是你們，差點被撞死的張張和爆肝的阿部邢。」吧台後方的小孟姐微笑著打招呼，隨後問伊努：「你剛才說的人就是他呀？我怎麼不知道原來你是個會熱心助人的『程式指導員』呢？」

聽到小孟姐的挖苦，伊努趕緊伸手比了個「噓——」的手勢，示意她別亂說話。

「呵呵，那這杯情人節特調如何？喜歡嗎？」小孟姐擦拭著手中的馬丁尼杯，詢問伊努對於情人節特調的感想。

「入口前，是撲鼻而來的清新柑橘香氣。在入喉接近中段時，風味逐漸變得豐富，琴酒的杜松子香氣與蜜香紅茶融合得宜。而尾韻帶點蜜感的回甘茶香，我很喜歡。」家中擁有整套茶具，平時興趣是泡茶的伊努，對這杯調酒果然喜愛有加。

聽完伊努的感想後，張弓長不解地問：「不過，這杯為什麼是情人節特調？不是應該再酸甜一些才像戀愛的滋味嗎？」

「有些人的戀愛故事未必是如此。對情感遲鈍的人來說，也許一開始只是覺得與某人相處很舒適，卻沒深思其中原因。直到某天，這段情誼才逐漸昇華，兩人也越發熱絡。

「但這整段過程既不轟轟烈烈，也不酸甜苦澀，而是一段平靜卻悠長甘甜的關係。」說完，小孟姐朝伊努微微一笑。

這讓他有種被看透的感覺，好赤裸。

「情人節特調的靈感來源都是客人的故事，無論是他們向我傾吐，或是我自行觀察的。」接著，她對著張弓長和阿部說：「也讓你們嘗嘗看其他的『故事』吧。」

小孟姐取出幾瓶烈酒擺在吧台上，俐落地將酒體透過 jigger 倒入 shaker，加入冰塊，闔上上蓋，側過身，優雅地搖盪起手中的 shaker。

三人目不轉睛地欣賞她行雲流水的動作。

不一會兒，帶有乳酸感的酸甜系情人節特調，以及清爽夏日莓果風味的氣泡軟性飲料，便擺在張弓長與阿部的面前。

也就在此時，郁安推開了店門，「嗨大家！不好意思，今天店裡客人比較多，來晚了。」她走到阿部右側的座位，放下包包，坐了下來。

「郁安，今天一樣喝 IPA 嗎？」小孟姐笑著問。

「對，小孟姐還記得！好開心！」郁安興奮答道，「選妳推薦的就好。」

於是他們一邊喝酒，一邊閒話家常。小孟姐關心張弓長和阿部，問他們來到地府近一週是否已適應？伊努教學用不用心、待人處事會不會過於淡漠？

他們從沒想過自己竟能與地府舉足輕重的人物如此自在地閒聊。也許是酒精影響或者氣氛使然，他們倆一開始的緊張與不安逐漸放鬆下來。

突然間，門邊再次傳來開門聲響，四人紛紛轉頭望去。門外夜色深沉，酒吧微弱的燈光映照出那道熟悉的威嚴身影。

小孟姐不疾不徐地放下手邊工作，輕笑道：「呵，來了。」

「閻、閻王姐姐？！」張弓長驚呼。不只是他，連在座的另外三人也有些意外。

「呦，張張，我記得你喔，你的名字太好記了。」儘管原因有些膚淺，但能被閻王記住，還是讓張弓長受寵若驚。

「看來可以打烊了。」小孟姐愉悅地哼著歌，將店門反鎖，門上「Open」的牌子翻轉成背面的「Close」，並關掉大部分燈光，只留下吧台燈。

「你們來之前，我有跟小孟姐說要找電話卡的事，她說會幫我連絡相關人士過來，原來是指閻王啊。」伊努說著，同時幫閻王拉開他左側的高腳椅。

閻王順勢坐下，先是詢問伊努的專案執行狀況，以及是否遇到難解的 bug。

「報告，前兩天才發現了一個 bug，不過已經解決了。除了稍微拖到一點進度，其他部分都還算順利。」

「幫大忙了。抱歉啊，臨時塞了兩個程式學員給你，增加你的工作量。」閻王略帶歉意地說。

伊努苦笑著，「目前還應付得來，只是真的沒辦法再來第三個了。」

「放心，不會了，再塞一個就真的過分了。」閻王笑著回應，轉而看向張弓長和阿部，「你們和伊努處得還好嗎？」

「報告，非常好。伊努對我照顧有佳，教學上也相當仔細，還會請我吃甜食。」張弓長學著伊努，以「報告」開頭答話。

「如同張張所說，伊努對我們很好。只不過相較之下，他對張張更用心，前幾天還帶著他出門徹夜未歸。」因沒跟到「夜遊」仍未釋懷的阿部，此刻報復似地偷偷出賣伊努。

「都說了，我們是去領冥卡！」張弓長再次澄清。

聽到這裡，小孟姐以意味深長的眼神看向伊努，後者立刻轉移話題，問閻王想喝點什麼。

「喔不用，我已經幫閻準備好了。」小孟姐端上一大碗閻王特別喜愛的珍珠仙草奶凍。自己則是切了塊方形的大冰，夾入威杯，再倒入威士忌，準備細品慢酌。

正在大口挖著面前甜品的閻王這才想起了正事，「對了，是誰要買電話卡？」

張弓長回應：「是我，我一直很想打電話回人間，給家人和女友報平安。」

「這種心情我能理解，可是你很快就能回去了呀。而且，因為聯繫人間的成本很高，電話卡價格高昂，這金額恐怕你負擔不起。」

「但……對於家人的心情，還有女友的感情，每過一天我就越不安、越焦慮。如果這通電話能讓彼此安心，花再多都值得。」

「那好吧。如果你堅持，我也不會多說什麼。電話卡是向我購買的，但是要 100 萬冥幣。這樣，你還要買嗎？」

「哇，還差兩萬……」張弓長皺眉。

他心中正盤算著，如果為了這兩萬而在地府打工，在不知道時薪有多少的情況下，等存夠錢都不知何年何月了。還不如加緊腳步把程式學完，早點回到人間。

正當他要放棄購買電話卡時，伊努說：「這兩萬我來出吧。」

聞言，張弓長又驚又喜，但隨即連忙搖頭拒絕，「不行不行不行，我已經欠你人情，不能再欠你錢了。」

「我又沒有要你還。」

「那更不行！我不買就好了，真的。」張弓長對這事意外地堅持。

「還是……」一直默默喝著啤酒、聽著他們談話的郁安，小聲開口：「我幫忙出點錢，而弓長借我卡打通電話呢？」

阿部也跟著附和：「那我也要，我要打電話去離職，順便罵一下那間血汗公司！」

見大家想盡辦法幫忙出錢的心意，張弓長感動得差點落淚。

「閻王，張弓長確定要買電話卡。」伊努趕緊向閻王表示，免得張弓長又優柔寡斷了起來。

閻王仍尊重當事人意見，問道：「張張，確定嗎？」

「那就麻煩阿部和郁安幫點小忙了。」張弓長感激地說。

見四人情感融洽、互助合作，閻王與小孟姐倍感欣慰。

還好，讓他們相遇了。

接著，閻王從袖口摸出一張電話卡遞給張弓長，並告知電話亭位置。

今晚的目的達成後，眾人便打算結帳離開，深怕打擾到小孟姐試做情人節特調的進度。

「今晚我請客，你們早點回去休息吧。」閻王對四人說。隨後與小孟姐一同在吧台目送他們離開。

見四人已走遠，閻王也隨著小孟姐回到店裡，陪著她在吧台試做特調到深夜，享受兩人難得悠閒的獨處時光。

阿部依言，陪著喝了酒微醺的郁安走回她的小木屋。而不想當電燈泡的另外兩人，則去吃了滷肉飯和虱目魚湯醒酒，再一起走回宿舍。

夏夜的微風輕拂著，他們各自漫步在返家的路上，抬頭仰望同一片星空。

隔天清晨，酒醒的張弓長、阿部、伊努與郁安四人，再度聚集在404 小木屋前。準備繼上次領取冥卡之後，再次徒步前往那間越過森林、臨近湖邊的控制室。

　　昨晚閻王透露，電話亭其實就位於他們先前領取冥卡的控制室，而這個事實也讓居住在地府兩年的伊努大吃一驚。不過後來想想，他也覺得合理，畢竟自己不是在控制室長期輪班的工程師，對那裡的細節不熟悉也不奇怪。

　　「不過電話亭到底在控制室的哪裡，我真是一點頭緒也沒有。」伊努一邊走一邊皺眉嘀咕著。「看來只好亮出那張價值百萬的電話卡，逼問工程師了。」

　　「啊，說到這個，我昨晚忘了問電話卡可以打多久。」張弓長懊惱地拍一下頭，心想若不是喝多了，或許就會記得問。

　　「等等問問看工程師吧，說不定他清楚。」阿部冷靜回應，同時接過郁安帶出門的寵物蛇 —— 低匯貴，讓牠掛在自己脖子上。而牠也稍微收緊了身子，以一個不讓自己滑落，又不會讓阿部感到不適的力道圈住他。

　　「這樣好像項圈。」伊努冷冷吐槽。

　　阿部不悅地反駁：「這明明是項鍊。」

「怎麼突然想帶低匯貴出門啊？」張弓長好奇地問。

「想說森林裡也許有牠能吃的東西，就帶牠出來遛噠啦！」郁安笑著回答。

「那我也放熙砼出來玩好了。」伊努伸出右手，召喚了他的寵物鬼火。

第一次見到熙砼的阿部和郁安興奮不已，但比他們更好奇的反而是掛在阿部頸上的小蛇。它伸長身子，將頭湊近熙砂，吐了吐舌，似乎在熟悉新夥伴的氣味。

「啊，變成紅色了！」見熙砂外表由藍轉紅的郁安驚呼著。張弓長也跟著情緒高漲了起來，「解鎖新顏色了！伊努，紅色是代表什麼？」

「代表它很害羞。」看著自己家的小寵物受到眾人喜愛，伊努也有些愉悅。

「哇啊 —— 你在害羞啊？也太可愛了吧！」郁安也跟著張弓長一起亢奮了起來。

這次前往森林的路途，因為兩人一蛇的加入而變得更為熱鬧，也讓原本約莫一小時的路程感覺上好像縮短了許多。

到達湖邊控制室時，因為只有低匯貴是第一次來，其餘三人已不再像初來時那般拘謹。而伊努在電子鎖上感應指紋，待門自動開啟，四人魚貫而入。

「怎麼又是你？」正坐在電腦前吃著零食的工程師，對於一週見到伊努三次感到相當不悅。「你很閒的話倒是來幫我的忙啊。」

伊努笑而不語，示意張弓長亮出「那東西」。張弓長馬上就明白伊努的意思，配合地向前跨出一步，一臉得意地在工程師面前晃著手中的「百萬電話卡」。

工程師推了推眼鏡，「喔？我在地府這麼多年，第二次看到有人買得起電話卡。」

「所以，告訴我們電話亭的位置、電話卡的使用方法，還有通話額度計算方式吧。」伊努趾高氣昂地要求著。

「不要。」工程師冷冷回絕。「我案子永遠都趕不完，沒空理你這個大閒人。」

「看在這三位地府新人的份上呢？」一反剛才的姿態，伊努故作可憐狀。

「他們也不歸我管，KPI 也沒算在我頭上。」工程師再度低下頭，繼續解決系統中的 bug，頭也不抬地說：「電話亭在頂樓，你們自己想辦法上去，別吵我。」

眾人道謝後便順著旁邊的樓梯上樓。然而，一到二樓才發現 ——這裡沒有繼續往上的樓梯，只有六間分別貼著「浴室」、「廚房」，以及四位工程師姓名的小房間。

「看來……電話亭應該不在這層樓，也和這幾間房大概無關，就別隨意開門了。」伊努摸著下巴，推測著。「所以，我們得從奇怪的地方開始找了。」

「分頭行動吧！」張弓長提議。

「這裡就這麼小，你還分頭？」阿部失笑。

「我往窗外找，你往天花板找，郁安隨便找，伊努負責找暗門，完美！」張弓長露出一臉「我真是天才」的得意表情。

雖然眾人想吐槽些什麼，但眼下似乎也沒更好的辦法，只能硬著頭皮行動。

才五分鐘不到，張弓長就在西側窗外發現，窗框上緣的水泥牆面嵌著一個木梯子。

「對於地府的這種設計，我已經見怪不怪了。」阿部回想起剛來地府的那天，在第 0 層地獄上方那些莫名其妙的道路規劃，不禁搖頭嘆氣。

張弓長一腳踩上窗框下緣，一手扶著側邊，另一隻手則伸向上緣，然後摳住。深呼吸後一鼓作氣將身子拉出窗外，再抓住外牆的梯子，沿著它往上爬。

抵達頂樓，眼前是鋪設木棧板、種滿植物盆栽的平台，正中央則有一座相當顯眼的紅色電話「房」。

伊努將頭探出窗外，朝上面喊：「有看到電話亭嗎？」

「看到了，就在這裡！」張弓長回頭喊道，「你們也上來吧。」

聞言，身手矯健的伊努模仿張弓長那流暢的爬窗動作，率先爬上頂樓，準備接應另外兩人。隨後，阿部先讓郁安爬上去，同時在屋內注意她的安全。見她順利抵達後，自己才頂著這身沒在運動的老骨頭，狼狽地往上攀。

當四人全到頂樓，看見紅色的電話「房」後，紛紛驚訝地議論：「這麼大一間，還叫電話『亭』？」

「對啊，這已經是電話『房』了吧？」

「或者該叫電話『頂加』？」

「無所謂啦，反正就是打電話的地方。剛好可以塞進我們四個人，不是很好嗎？」終於可以撥打那通期待已久、能夠跨越陰陽界限的電話，張弓長滿面笑容，迫不及待地踏入房內。

對於地府各式機台清一色形似電腦，還有各種「必須執行程式碼」才能操作的奇葩設定，一行人早已見怪不怪，甚至習以為常。

張弓長自嘲道：「看來，我們的程式時間又到了。」

說完，他將那張價值百萬冥幣的電話卡插入旁邊外接的讀卡機中，螢幕上果不其然跳出了「setting.ipynb」檔案。他首先點擊執行第一個儲存格，程式隨即輸出：

有錢人，歡迎使用地府電話亭。

在使用前有幾點聲明：

1. 為了防止如此高貴的電話卡被盜用，初次使用請先設定四位數字的電話卡密碼。
2. 請編寫終極密碼遊戲的程式碼，讓使用者輸入四位數字密碼，輸入正確方可撥打電話。
3. 請將終極密碼封裝成函式，並讓使用者以函式呼叫的方式執行。
4. 撥打電話請輸入對方的姓名和生辰八字（出生年月日即可），將會以託夢的方式進行通話。
5. 一通電話以 10 分鐘為限，本卡至多能打 3 通，如需更多請找閻王儲值。

「天啊，太貴了吧！100 萬冥幣總共只能撥打 30 分鐘耶！」伊努替張弓長抱不平。

「算了啦，買的時候我也沒問清楚，只能自認倒楣。」張弓長雙手一攤，「往好處想，至少我們三個還能一人打一通電話。」

他頓了下，又說：「我比較擔心的是第二和第三點，我一點想法都沒有⋯⋯這要拜託你幫忙了，伊努。」他雙手合十地懇求著伊努。

「安啦，小 case。」伊努笑著拍了拍他的肩膀，「先來設定密碼吧。」

點點頭，張弓長執行著下一個儲存格，開始胡亂設定起密碼 ——

```
# 設定密碼
password = input("請設定四位數字的電話卡密碼：")

# 檢查密碼是否為四位數字
while not (password.isdigit() and len(password)==4):
    password = input("密碼無效！請重新設定四位數字密碼：")

print("密碼設定成功！")
```

請設定四位數字的電話卡密碼：1asd
密碼無效！請重新設定四位數字密碼：12345
密碼無效！請重新設定四位數字密碼：0857
密碼設定成功！

　　見張弓長明顯多此一舉，阿部忍不住吐槽：「太刻意了吧，前兩次亂輸入幹嘛啦？」

　　伊努笑著回應：「這是張弓長的壞習慣，他總喜歡先試錯。」

　　「但最後設定的密碼感覺很容易被破解耶。」郁安皺眉。

　　「沒差吧，不過就三通電話而已，我們等等一人打一通就沒了。」張弓長不以為意。然後指著 while 那行程式碼，問：「伊努，你可以說明 while 迴圈給我們聽嗎？我們前幾天只學了 while True 無窮迴圈而已。」

　　「好啊。」伊努毫不猶豫地點頭，開始解說：「**while 迴圈**的基本運作邏輯是，只要 **while 後接的條件成立（True），就會執行迴圈內的縮排程式碼**。也因此，while True 是一個會不斷執行的無窮迴圈。

「若要避免落入無窮迴圈，我們只需確保 while 後面的條件在某些情況下會不成立（False），這樣程式才有機會跳出迴圈。」

張弓長又接著問：「那這裡的 while 迴圈是什麼作用呢？」

伊努答道：「這段 while 迴圈是用來檢查設定的密碼是否有效。如果密碼無效，程式就會進入迴圈，不斷要求你重新輸入密碼，直到符合以下兩個條件為止 ——」

```
# 檢查密碼是否為四位數字
while not (password.isdigit() and len(password)==4):
    password = input("密碼無效！請重新設定四位數字密碼：")
```

見兩人似懂非懂的模樣，郁安熱心地指著這段程式碼中的 while 迴圈，說：「這裡的 password.**isdigit()** 是用來判斷輸入的密碼**字串是否全為數字**；而 **len**(password) == 4 則檢查輸入的密碼**字串是否為四位數**。

「如果這兩個條件皆成立，password.isdigit() and len(password) == 4 就會是 True，而 not (password.isdigit() and len(password) == 4) 則會變成 False。此情況下，程式就會跳出 while 迴圈，不再要求重新設定密碼。」

「講得很清楚，程度不錯嘛。」伊努點頭讚許。「聽他們說妳前幾天教了他們迴圈和進階資料型別，真的很感謝妳。」

「不會啦！」郁安不好意思地笑著抓抓頭，「在教的過程中，我自己也當作是在複習。」

而一旁的張弓長聽完解說後，消化了下，才點擊執行下一個儲存格：

```python
from google.colab import drive

# 掛載 Google Drive
drive.mount('/content/drive')

# 定義寫入的檔案路徑，資料夾為 F5771/Ch4，檔名為 password.txt
file_path = '/content/drive/MyDrive/F5771/Ch4/password.txt'

# 將密碼寫入 txt 檔案中
with open(file_path, 'w') as f:
    f.write(password)
```

才剛按下執行鈕，就彈出一個詢問是否「連線至 Google 雲端硬碟」的陌生視窗。這突如其來的畫面讓他頓時有些不知所措。

見狀，伊努馬上解釋：「這個儲存格會將你設定的密碼寫入 password.txt 檔案，並將該檔案存放到雲端硬碟中。

「因此，我們需要先在 Colab 掛載 Google Drive。這樣做的好處是，之後如果需要驗證密碼，可以直接從這個檔案中讀取之前設定的密碼，然後比對輸入的密碼是否一致。」

說完，便開啟自己之前在地府程設板上撰寫的教學文 ——《在 Colab 掛載 Google Drive》。給他們參考。

也想看上述教學文的同學們，可以先跳至第 243 頁逛逛地府程設板的 Colab 討論區。

張弓長按照文中的步驟操作之後，順利地在 Colab 上掛載 Google Drive，並得到以下的執行結果：

```
Mouted at /content/drive
```

「接下來，你可以前往雲端硬碟的 F5771/Ch4 資料夾，檢查是否已建立 password.txt 檔案，並開啟確認內容與你設定的密碼是否一致。」伊努繼續說明：「最後兩行程式碼是透過 f.write(password)，將你設定的密碼寫入 password.txt 檔案。」

郁安也跟著補充：「with open(file_path, 'w') as f: 這行程式碼的作用是以『w』模式，也就是**寫入（write）模式**，開啟工作資料夾中名為 password.txt 的檔案，並將檔案物件指派給變數 f，以便後續對該檔案進行操作。

「接著，程式進入 with 區塊，執行縮排程式碼 f.write(password)，**並在區塊內的程式碼執行完畢後，自動關閉檔案**，避免因忘記關閉而造成的資源占用問題。」

聽到這裡，他們總算理解了密碼設定的「setting.ipynb」檔案。「看來，接下來就是難題了。我們需要自行編寫終極密碼遊戲的程式碼——讓使用者輸入四位數字的密碼猜測，輸入正確才可以撥打電話。」張弓長看著電話卡的第二點聲明，說道。

見他們三人已經進入下一步的構思，阿部才發覺似乎只有自己仍在狀況外，因此困惑地問：「這個遊戲我沒玩過，你們都有玩過？」

　　眾人點頭。張弓長隨即為他的日本室友說明：「終極密碼的概念很簡單，遊戲從一個預設的範圍開始，如 0 到 100。莊家會設定一個範圍內的密碼，而玩家每次輸入一個範圍內的數字作為猜測。

　　「如果猜對了，就直接獲勝；如果沒猜對，莊家會根據你猜的數字，縮小下一輪的猜測範圍。接著，玩家可以根據縮小的範圍繼續猜測，直到猜中為止。」

　　「噢！聽起來很好玩耶！」阿部興致勃勃地說。

　　「這個遊戲還有桌遊版呢，甚至在台灣的綜藝節目裡也玩過。」

　　就在兩人你一言我一語時，郁安已經陷入了遊戲規劃的思考。「我們來釐清一下遊戲的流程吧。首先開啟 password.txt 讀取設定的四位數字密碼，並給定使用者的猜測範圍從 0000 到 9999。

　　「然後讓使用者輸入猜測，如果猜測錯誤，就根據他猜的數字縮小範圍，再讓他繼續猜測。」

　　聞言，阿部也試著推論：「也就是說，遊戲程式的第一步是讓使用者輸入一個四位數字。接著進入 if-elif-else 結構判斷使用者的猜測結果 —— 如果猜對了就結束遊戲；如果猜錯，就調整供使用者猜測的數字範圍。」

張弓長回想起剛才設定密碼時的試錯過程，說：「在這之前，我們需要檢查使用者的猜測是否為四位數字，以及是否在可供猜測的範圍內。」

　　說完，他建立了一個名為「coda.ipynb」的檔案，並開始編寫讀取密碼檔案的程式碼：

```
from google.colab import drive

# 掛載 Google Drive
drive.mount('/content/drive')

# 定義讀取的檔案路徑，資料夾為 F5771/Ch4，檔名為 password.txt
file_path = '/content/drive/MyDrive/F5771/Ch4/password.txt'

# 讀取密碼的 txt 檔案
with open(file_path, 'r') as f:
    password = f.read()

print(password)
print(type(password))
```

　　「其實，我不過是貼上寫入檔案的程式碼罷了。然後依樣畫葫蘆，把 with open(file_path, 'w') as f: 的 'w' 改成 **'r'**，因為我猜**讀取模式**應該是 read。」張弓長自嘲著自己編寫的「半桶水」程式。

　　「幾乎正確。用 read() 方法可以從 f 檔案中讀取內容，並將讀取出的密碼存放到變數 password 中。」伊努推了推眼鏡，補充道：「不過，若在後面加上 **strip() 方法**，可以去除字串前後可能存在的空格或換行符號，以確保密碼格式正確。」

　　見兩人困惑的表情，郁安笑著解釋：「對於密碼這種需要精確比對的字串而言，多餘的空格或換行符號是不可被忽視的存在，兩者都會影響到該字串的長度或內容。」

　　伊努在張弓長編寫的 f.read() 後方，加上 .strip() 與註解文字之後，點擊了執行鈕——

```
# 讀取密碼的 txt 檔案
with open(file_path, 'r') as f:
    password = f.read().strip()  # 去除可能的空格或換行符號
```

```
Mounted at /content/drive
0857
<class 'str'>
```

　　「接下來就要正式進入終極密碼遊戲的環節。」伊努在下方新增一個程式碼儲存格，說道：「首先，我們要設定使用者猜測範圍的上、下限，也就是兩個給定初始值的變數 lower_bound 和 upper_bound——」

```
# 設定初始的範圍
lower_bound, upper_bound = '0000', '9999'
print(f"請輸入密碼，範圍是 {lower_bound}~{upper_bound}。")
```

　　阿部看了眼程式碼，隨即發問：「這不是數字比大小嗎？為什麼要用字串，而非整數？」

　　郁安直接替伊努回答：「因為像是 '0123' 這種帶有前導零的數字，在用整數表示時會被省略成 123，而使用字串則可避免這種情況。」

「那麼，接下來就像剛才設定密碼一樣，先讓使用者輸入密碼猜測，再檢查他的輸入是否為四位數字，且是否落在範圍內，對嗎？」張弓長問。

「沒錯。」伊努答道，「我們需要在使用者輸入後，檢查他們是否輸入了不符合規定的內容，故需加上 .isdigit() 方法、len() 函式，以及 lower_bound < guess < upper_bound 這三項檢查。」

「那我想試著寫寫看！」張弓長自告奮勇，躍躍欲試：

```python
# 使用者輸入猜測
guess = input(f"\n請輸入 {lower_bound}~{upper_bound}
                之間的四位數字：")

# 檢查猜測是否為四位數字
if not (guess.isdigit() and len(guess) == 4 and
        lower_bound < guess < upper_bound):
    print(f"你是不是手殘！白白浪費掉一次機會！")
```

伊努苦笑道：「你編寫的程式碼也很兇殘啊……」他還記得領取冥卡那天，張弓長才向他抱怨 ATM 的凶橫，沒想到這麼快就學以致用。

「我也想成為有個性的工程師。」張弓長插著腰，淘氣地說。

「但假如輸入格式不符合規定，就要讓使用者重新輸入，這時就像設定密碼一樣，需要使用到迴圈。」伊努順著他的話問：「請問這位有個性的工程師，你打算如何修改程式碼呢？」

張弓長一邊自信地說：「看我的！」一邊進行微調——

```
while True:
    # 使用者輸入猜測
    guess = input(f"\n請輸入 {lower_bound}~{upper_bound}
                    之間的四位數字：")

    # 檢查猜測是否為四位數字
    if not (guess.isdigit() and len(guess) == 4 and
            lower_bound < guess < upper_bound):
        print(f"你是不是手殘！白白浪費掉一次機會！")
```

見他在 input() 函式之前，加上了「while True:」，再將其他程式碼進行縮排，伊努滿意地點頭道：「那確認輸入的格式正確後，接著要做什麼？」

「接下來要比較使用者的猜測和密碼是否相符。」阿部搶答，「這個我想寫寫看。」

伊努笑著點頭，往後退了一步，讓阿部操作。

見狀，郁安也湊上前來，想一起參與分析與編寫。「這裡會有三種情況——第一種是猜中密碼，結束遊戲；第二種是猜測的數字比密碼小，這時要更新下限；第三種是猜測的數字比密碼大，這時要更新上限。」

阿部思索片刻，說道：「這部分就用 if-elif-else 結構來處理。如果猜中密碼，就使用妳之前教的 **break** 關鍵字**直接跳出迴圈**；否則根據猜測結果縮小範圍。」隨即動手編寫程式碼：

```
    # 檢查是否猜中密碼
if guess == password:
    print("恭喜你通過試驗，可以使用本電話卡打電話了。")
    break  # 直接跳出迴圈
# 若未猜中，縮小提示範圍
elif guess < password:
    lower_bound = guess  # 更新下限
else:
    upper_bound = guess  # 更新上限
```

　　編寫完成後，他們仔細地逐行閱讀程式碼。沒檢查出什麼問題，便直接點擊執行鈕進行測試。卻沒想到，程式看似正常運行，但其實隱藏了邏輯上的 bug──

```
請輸入密碼，範圍是 0000~9999。

請輸入 0000~9999 之間的四位數字：1asd
你是不是手殘！白白浪費掉一次機會！

請輸入 0000~1asd 之間的四位數字：12345
你是不是手殘！白白浪費掉一次機會！

請輸入 0000~12345 之間的四位數字：0857
恭喜你通過試驗，可以使用本電話卡打電話了
```

　　「伊努，這些不符合規定的輸入竟然成了新的上限！我們根本沒打算讓它們參與比較啊！」第一次面對 bug 的阿部顯得有些驚惶失措。

　　深知問題所在的伊努不慌不忙，點出了問題關鍵：「如果在第一個 if 區塊中發現輸入不符合規定，應該立即讓程式停止執行下方的 if-elif-else 結構。這時可以使用一個類似 break 的關鍵字──

continue。」他隨即在獨立的 if 區塊末尾補上了「continue」：

```
# 檢查猜測是否為四位數字
if not (guess.isdigit() and len(guess) == 4 and
        lower_bound < guess < upper_bound):
    print("你是不是手殘！白白浪費掉一次機會！")
    continue  # 跳過這次迴圈，讓使用者重新輸入
```

然後說明：「當程式執行到 continue 時，會**跳過本次迴圈區塊中剩餘的程式碼，直接進入下一次迴圈的開頭。**」

阿部點頭表示理解，「也就是說，當程式發現輸入不符合規定時，就會直接請使用者再次輸入猜測，而不會執行 if-elif-else 結構比大小。」並再次測試程式：

```
請輸入密碼，範圍是 0000~9999。

請輸入 0000~9999 之間的四位數字：1asd
你是不是手殘！白白浪費掉一次機會！

請輸入 0000~9999 之間的四位數字：12345
你是不是手殘！白白浪費掉一次機會！

請輸入 0000~9999 之間的四位數字：1234

請輸入 0000~1234 之間的四位數字：2345
你是不是手殘！白白浪費掉一次機會！

請輸入 0000~1234 之間的四位數字：0168

請輸入 0168~1234 之間的四位數字：0857
恭喜你通過試驗，可以使用本電話卡打電話了。
```

他們嘗試輸入各種可能發生的情境，以測試程式的邏輯與穩定性。結果發現程式既沒有顯示任何不合理的回應，也沒有錯誤訊息。見程式順利執行，眾人雀躍地互相擊掌，初次體會到成功編寫遊戲程式的成就感。

正當張弓長興奮地準備拿起話筒，郁安卻突然回想起什麼，驚呼道：「啊對！電話卡不是還有規定要把程式碼封裝成函式嗎？」

聞言，他的笑容瞬間僵住，滿臉不情願地鬆開握住話筒的右手。

而剛研究完執行結果的阿部也皺著眉，擔憂道：「現在的程式還不夠完善。while True 無窮迴圈會一直執行下去，如果有人不斷地猜測，最終一定會猜到正確的密碼，屆時就能撥打電話。為了防止這種暴力破解，我覺得應該要加上猜測次數的限制。」

郁安點頭認同：「有道理！我們可以設定一個猜測次數限制，如果在此限制內都沒猜對，就直接鎖定電話卡或讓程式結束。」

伊努看著張弓長那沮喪的樣子，忍不住拍了下他的背，壞笑著說：「看來，想打電話，還早呢！」

經過一番熱烈討論後，他們達成了共識，準備進一步優化終極密碼遊戲程式。

首先要解決的問題是：如何防止使用者不斷輸入猜測，直到猜中密碼？

針對此問題，他們所思考的第一步是，繼續使用 while 迴圈，但增設猜測次數的限制。

「設定 3 次機會如何？如果 3 次都猜不中，就表示對方根本不知道密碼。這樣可以直接結束遊戲，順便鎖卡。」張弓長提議。

見無人反對，郁安隨即敲打著鍵盤，修改了程式的開頭部分：

```
# 終極密碼遊戲程式，使用 while 迴圈限制猜測次數
# 設定初始的範圍
lower_bound, upper_bound = '0000', '9999'
# 設定計數器與猜測次數限制
attempts, max_attempts = 0, 3

print(f"請輸入密碼，範圍是 {lower_bound}~{upper_bound}，
        你有 {max_attempts} 次機會。")
```

「有了猜測次數限制，接下來該如何修改這個 while 迴圈？」只學過 while True 無窮迴圈的阿部愣在原地，獨自煩惱著。

聽見了阿部的自言自語，郁安笑著回應：「這部分我剛好有學過。

我們可以在 while 後接的條件裡設定計數器，當猜測次數『未』達限制時就進入迴圈。並在迴圈內部使用者每次猜測後，自動將計數器 attempts 加一。」

「也就是說，當計數器到達猜測次數限制時，就不進入迴圈，轉而執行迴圈外部後續的程式碼？」阿部確認著。

「沒錯。」郁安點頭肯定，同時繼續進行程式碼的修改：

```
while attempts < max_attempts:
    # 使用者輸入猜測
    guess = input(f"\n第 {attempts+1} 次猜測，請輸入
                    {lower_bound}~{upper_bound} 之間的四位數字：")
    # 計數器增加
    attempts += 1
```

然後貼心地提醒：「這次數增加的邏輯要小心設計。我們必須在使用者每次輸入後，立即執行 attempts = attempts + 1。需注意避免位置錯誤導致次數計算異常。」

「所以……attempts += 1 就是 attempts = attempts + 1 的意思嗎？」阿部仔細看著郁安改寫的程式碼，試著從中推論。

「是的。」伊努接著說：「除此之外，while 後接的條件 attempts < max_attempts 也需特別注意，使用『<』或是『<=』，會直接影響迴圈執行的次數。

「我來逐步說明這部分的邏輯。第一次檢查時，attempts 是 0，max_attempts 是 3，0 < 3 成立，因此進入迴圈。

「每次進入迴圈，attempts 就會在使用者輸入猜測後自動加一。因此，第二次檢查時，attempts 已變成 1，1 < 3 成立，再次進入迴圈。

「第三次檢查時，2 < 3 依然成立，也會進入迴圈；但在第四次檢查時，3 < 3 不成立，故不進入迴圈，而是直接跳出，執行迴圈外的程式碼。」

聽到這裡，張弓長終於理解了 while 迴圈的執行邏輯，舉一反三地問：「如果我們將『<』改成『<=』，那麼在第四次檢查時，3 <= 3 成立，總共會執行四次迴圈？」

「沒錯。」伊努滿意地點頭，隨後補充：「而後續的獨立 if 區塊，以及 if-elif-else 結構的程式碼基本保持不變。唯獨在 while 迴圈外，建議再加上一個提示，以告知使用者『因為超過猜測次數，遊戲已強制結束』。」

```
# 如果超過最大猜測次數，強制結束
if attempts == max_attempts:
    print("很遺憾，你不知道密碼，在下不能讓你打電話。")
```

眼看程式已編寫完成，他們迫不及待測試程式碼能否正確運行，同時驗證用完猜測次數時，遊戲是否會強制終止 ——

請輸入密碼，範圍是 0000~9999，你有 3 次機會。

第 1 次猜測，請輸入 0000~9999 之間的四位數字：9527

第 2 次猜測，請輸入 0000~9527 之間的四位數字：-123
你是不是手殘！白白浪費掉一次機會！

第 3 次猜測，請輸入 0000~9527 之間的四位數字：5566
很遺憾，你不知道密碼，在下不能讓你打電話。

「看來成功了！」張弓長滿面春風，高舉雙手歡呼著。

「不過，其實我們可以**用 for 迴圈來簡化計數問題**。」伊努立刻打斷張弓長的喜悅，說道：「for 迴圈的特性讓我們不用手動管理 attempts 的增減。」

「還要再改啊？」他的表情垮了下來，語氣中滿是不情願。

「這樣可以讓程式看起來更簡潔，何樂而不為？」伊努對程式碼稍作修改，「如果改用 for 迴圈，就不用手動設定計數器的初始值 attempts = 0，程式碼的開頭就可以修改成 ——」

```
# 終極密碼遊戲程式，使用 for 迴圈限制猜測次數
# 設定初始的範圍
lower_bound, upper_bound = '0000', '9999'
# 設定猜測次數限制
max_attempts = 3

print(f"請輸入密碼，範圍是 {lower_bound}~{upper_bound}，
        你有 {max_attempts} 次機會。")

for attempts in range(0, max_attempts):
    # 使用者輸入猜測
    guess = input(f"\n第 {attempts+1} 次猜測，請輸入
                {lower_bound}~{upper_bound} 之間的四位數字：")
```

並解釋著：「改用 for attempts in range(0, max_attempts): 會自動幫我們處理猜測次數，也就是**從 0 開始計次，至多執行 max_** attempts 次。

「這是因為 range(0, max_attempts) 會生成一個從 0 到 max_attempts-1 的序列，因此每次迴圈會自動將迴圈變數 attempts 賦值為序列中的下一個元素，如此就無需在迴圈內部編寫 attempts += 1。」

見兩人似懂非懂的模樣，郁安笑著補充：「翻成白話文就是 range(0, 3) 會生成從 0 到 2 的序列。因此，當第一次執行 for attempts in range(0, 3): 時，迴圈變數 attempts 被自動賦值為 0，進入迴圈。第二次執行時，attempts 被賦值為 1；第三次執行時，attempts 被賦值為 2，都會進入迴圈。

「而當序列中的元素 0、1、2 都被取出後，就會跳離整個 for 迴圈，不再進入。因此，attempts 最後一次被賦予的值為 max_attempts-1，也就是 2；但整個迴圈實際執行了 max_attempts 次，也就是 3 次。」

伊努在郁安的詳細解釋，以及兩人茅塞頓開的表情後，接著說：「在程式碼的最後，我們還可以加上 **for 迴圈的 else 區塊**，這部分的程式碼會在 for 迴圈結束後自動執行。

「不過，它有一個特別之處 —— **如果因為中途遇到 break 而提前跳出 for 迴圈，則 else 裡的程式碼就不會執行。**」

```
# for 迴圈的 else 區塊會在迴圈正常執行完(沒有執行 break)的情況下執行
else:
    # 如果超過最大猜測次數，強制結束
    print("很遺憾，你不知道密碼，在下不能讓你打電話。")
```

四人再次測試修改過的程式，確認它是否能在三次猜錯後強制結束，並輸出 else 區塊中的提示文字 ——

請輸入密碼，範圍是 0000~9999，你有 3 次機會。

第 1 次猜測，請輸入 0000~9999 之間的四位數字：66666
你是不是手殘！白白浪費掉一次機會！

第 2 次猜測，請輸入 0000~9999 之間的四位數字：1314

第 3 次猜測，請輸入 0000~1314 之間的四位數字：0520
很遺憾，你不知道密碼，在下不能讓你打電話。

同時，他們也模擬了三次以內猜對的情況，檢查是否會執行 break 跳出迴圈，並確認 for 迴圈外部的 else 區塊程式碼未被執行 ——

請輸入密碼，範圍是 0000~9999，你有 3 次機會。

第 1 次猜測，請輸入 0000~9999 之間的四位數字：5204

第 2 次猜測，請輸入 0000~5204 之間的四位數字：0857
恭喜你通過試驗，可以使用本電話卡打電話了。

從輸出結果顯示，無論猜對或猜錯的情況下，程式執行皆完全符合他們的預期。

然而，伊努卻在此時煞風景地提醒：「別忘了，我們還要把整段程式封裝成**函式**（function）呢。」

張弓長心知肚明，事情絕不可能這麼簡單就結束，因此早已不急於撥打電話。反正有伊努和郁安在，他相信今天一定能順利打通。

　　而阿部也終於開口問出心中盤旋已久的疑問：「剛才的程式碼就已經可以正常運行了，為什麼還要特別包成函式？而且說真的，從剛才就想問，函式到底是什麼？」

　　伊努笑著解釋：「函式，簡單來說，就是**把一段可以重複使用的程式碼打包起來**。當你需要使用這段功能時，只要呼叫函式名稱，就能執行內部的程式碼，而不需要每次都重新編寫。例如，我們常用的 print() 和 type()，它們本身就是函式。

　　「函式最大的好處是能將常用的邏輯獨立出來，讓程式碼更乾淨簡潔。未來如果需要修改部分邏輯，只需更新函式內部的程式碼，而不用逐一修改整個程式的每個部分，這樣可以降低出錯的機率。」

　　「那為什麼在這裡非得用函式不可？」張弓長追問。

　　伊努耐心地回答：「在終極密碼遊戲中，我們會讀取 password.txt，以檢查使用者輸入的密碼是否正確。如果把這段讀取密碼的邏輯封裝進函式，其他人只需呼叫函式即可執行密碼驗證功能。因此他們無法直接存取函式內部的變數值，也就能降低密碼被破解的風險。」

　　聽到這裡，兩人才終於明白電話卡規定將程式碼封裝成函式的用意。「好吧，認命了。」

「那麼，我們來嘗試將剛才的終極密碼遊戲程式封裝成一個函式，並把它寫在一個獨立的『**coda_function.ipynb**』檔案裡。

「可以先從最簡單的**無參數、無回傳值**的函式開始，讓所有操作都在內部完成。在這之前，先讓我說明函式的結構 ——」

```
def 函式名稱(參數1, 參數2=預設值):
    #縮排部分為函式內部程式碼
    #縮排部分為函式內部程式碼
    #縮排部分為函式內部程式碼

    return 回傳值
```

「函式的結構包含三個部分：第一部分是**函式標頭**，也就是『**def 函式名稱(參數):**』的部分，定義了函式的名稱和所需的參數。

「第二部分是**函式內部程式碼**，也就是所有**縮排**的程式碼區塊。第三部分是**回傳值**，用 return 關鍵字將結果傳回給函式呼叫者；若無需回傳值則可省略 return。」

在聽完伊努的解說後，他們決定從簡處理 —— 將「coda.ipynb」內掛載 Google Drive、讀取 txt 檔案的功能，以及使用 for 迴圈限制猜測次數的終極密碼遊戲程式，打包成一個函式。

接著，他們將此函式命名為 guess_password，並設計成無需參數，也無回傳值。所有功能都在函式內部完成，再透過 print() 函式顯示結果。

為此，他們將先前的程式碼整合到 guess_password() 函式中，並進行縮排以符合函式的結構：

```python
# 無參數和回傳值的終極密碼遊戲函式
def guess_password():

    # 掛載 Google Drive
    from google.colab import drive
    drive.mount('/content/drive')

    # 定義讀取的檔案路徑，資料夾為 F5771/Ch4，檔名為 password.txt
    file_path = '/content/drive/MyDrive/F5771/Ch4/password.txt'

    # 讀取密碼的 txt 檔案
    with open(file_path, 'r') as f:
        password = f.read().strip()   # 去除可能的空格或換行符號

    # 終極密碼遊戲程式，使用 for 迴圈限制猜測次數
    # 設定初始的範圍
    lower_bound, upper_bound = '0000', '9999'
    # 設定猜測次數限制
    max_attempts = 3

    print(f"\n請輸入密碼，範圍是 {lower_bound}~{upper_bound}，
            你有 {max_attempts} 次機會。")

    for attempts in range(0, max_attempts):
        # 使用者輸入猜測
        guess = input(f"\n第 {attempts+1} 次猜測，請輸入
                {lower_bound}~{upper_bound} 之間的四位數字：")

        # 檢查猜測是否為四位數字
        if not (guess.isdigit() and len(guess) == 4 and
                lower_bound < guess < upper_bound):
```

```
            print("你是不是手殘！白白浪費掉一次機會！")
            continue   # 跳過這次迴圈，讓使用者重新輸入

        # 檢查是否猜中密碼
        if guess == password:
            print("恭喜你通過試驗，可以使用本電話卡打電話了。")
            break   # 直接跳出迴圈
        # 提示範圍縮小
        elif guess < password:
            lower_bound = guess   # 更新下限
        else:
            upper_bound = guess   # 更新上限

    # for 迴圈的 else 區塊會在沒有執行 break 的情況下執行
    else:
        # 如果超過最大猜測次數，強制結束
        print("很遺憾，你不知道密碼，在下不能讓你打電話。")
```

設計完 guess_password() 函式後，張弓長立刻興致勃勃地點擊執行鈕。然而，他發現儲存格執行完卻沒有顯示任何輸出結果，隨即哭喪著臉問伊努：「程式是不是出錯了啊？」

見狀，伊努忍不住笑出聲，「這不是出錯，而是因為我們還沒呼叫函式啦！

「剛才我們只是定義了 guess_password() 函式，而定義函式就像是設定好一個工具，你不使用它的話，工具是不會自己啟動的。因此，要執行函式內部的程式碼，必須透過『**函式呼叫**』來啟動它 ——」

```
# 呼叫函式進行終極密碼遊戲
guess_password()
```

並說明：「直接輸入函式名稱並加上小括號，就是無參數、無回傳值的函式呼叫。」

程式碼修改完成後，他笑著示意張弓長執行此儲存格：

```
Mounted at /content/drive

請輸入密碼，範圍是 0000~9999，你有 3 次機會。

第 1 次猜測，請輸入 0000~9999 之間的四位數字：0887

第 2 次猜測，請輸入 0000~0887 之間的四位數字：0857
恭喜你通過試驗，可以使用本電話卡打電話了。
```

接著又說：「函式一旦定義完成，每當我們想要再次進行終極密碼的遊戲時，只需呼叫 guess_password() 函式即可。」

看到大家對最基本的函式結構已經有了初步的理解，伊努決定帶領他們認識更進階的函式結構 —— **加入參數和回傳值**，讓函式更為彈性且實用。

「我們剛才定義的函式雖然可以正確運行終極密碼遊戲，但靈活性還不夠高。」伊努指著程式畫面，「假如我們想改變猜測次數的限制，難道每次都得回到函式內部修改程式碼嗎？」

阿部疑惑地問：「那該怎麼辦？」

「使用參數？」稍微學過函式的郁安遲疑地問。

「沒錯。**參數（parameters）是呼叫函式時可以傳入的資料**，我們能透過傳入不同的值，讓函式表現出不同的行為。」伊努笑答。

郁安順著邏輯推想著，「也就是說，我們把原先函式內部猜測次數限制的變數 max_attempts，改作為 guess_password() 的參數傳入，並設定預設值為 3。

「而若我們想給使用者更多的嘗試機會，只需在呼叫函式時傳入 max_attempts=5，就能輕鬆改變猜測次數。」

說完，她建立了 coda_function.ipynb 的副本，並將其更名為「**coda_function_v2.ipynb**」。然後將 max_attempts 作為參數加入函式標頭──

```
# 有參數和回傳值的終極密碼遊戲函式
def guess_password(max_attempts=3):
    """
    參數：max_attempts (int) - 最大猜測次數，預設值為 3
    回傳值：password (string) - 正確的密碼
    此函式將會從檔案中讀取密碼，並執行終極密碼遊戲。
    無論使用者是否在限定次數內猜中密碼，皆於最後回傳正確的密碼。
    """
```

「函式內部那三個雙引號包起來的內容『""" ... """』是做什麼用的？」張弓長好奇地問。

「那是說明文件字串，叫做 docstring。」郁安說明著：「它不會被程式執行，主要用來撰寫函式的說明文件，例如函式的功能、參數和回傳值等。」

「看起來比註解『#』整齊多了！」張弓長讚嘆了一句，又急著問：「話說，這樣函式就修改好了嗎？」

眼看張弓長準備按下執行鈕，伊努立刻制止那不安分的手。「還沒完。因為我們已將 max_attempts 作為參數傳入函式，所以函式內部就不需要再定義這個變數了。」

聞言，張弓長轉而刪除 max_attempts = 3 那行程式碼──

```
# 終極密碼遊戲程式，使用 for 迴圈限制猜測次數
# 設定初始的範圍
lower_bound, upper_bound = '0000', '9999'

print(f"\n請輸入密碼，範圍是 {lower_bound}~{upper_bound}，
        你有 {max_attempts} 次機會。")
```

伊努接著補充：「這樣 print() 函式裡的 {max_attempts} 就會自動取用我們在呼叫函式時傳入的參數值。」

「了解。老大，還有什麼要改的嗎？」

「剩下的程式碼基本上都不需要修改，只要在函式的最後加上**return 回傳值**就好。」

「回傳值？」張弓長皺著眉問，「回傳什麼？要怎麼寫？」

「回傳值是函式執行完畢後，將結果傳回給呼叫者。這樣主程式可以接收到函式的執行結果，再依據結果進行後續處理。」

「那我想回傳密碼 password。」阿部搶著說。「不論猜測者是否猜中密碼，我都想透過 return 將正確的密碼 password 傳回去。」

「也不是不行，雖然這樣就暴露密碼了。」伊努摸了摸下巴，思考著。「但也還好，反正猜錯之後就鎖卡了。」

說完，便在函式的最後編寫了 ──

```
return password
```

並叮嚀著：「return 一定要記得縮排，這樣才能表示它是函式內部的一部分。而**在呼叫有回傳值的函式時，需使用變數來承接這個回傳值**，像這樣 ──」

```
# 呼叫函式進行終極密碼遊戲
password = guess_password()
print("\n正確的密碼是：", password)
```

接著又補充：「切記，呼叫函式時，無論是否傳入參數值，後面都必須加上小括號。

「如果小括號中沒有加入參數值，就會使用函式定義中的參數預設值。像這裡是 max_attempts=3。」說完，便執行了函式呼叫的儲存格：

```
Mounted at /content/drive

請輸入密碼，範圍是 0000~9999，你有 3 次機會。
```

第 1 次猜測，請輸入 0000~9999 之間的四位數字：6666

第 2 次猜測，請輸入 0000~6666 之間的四位數字：0520

第 3 次猜測，請輸入 0520~6666 之間的四位數字：1314
很遺憾，你不知道密碼，在下不能讓你打電話。

正確的密碼是： 0857

　　「如此一來，函式內部的 password 變數值就能透過 return 回傳給主程式使用。否則，你會發現，我們無法直接從函式外部存取函式內部的變數值。例如──」

```
print(lower_bound)
```

NameError: name 'lower_bound' is not defined

　　伊努解釋著 NameError 的錯誤訊息：「對於沒有透過 return 傳回給主程式的變數，如果我們想直接輸出它的值，程式就會出錯。因為它的作用範圍僅限於函式內部。」

　　又隨即補充：「此外，承接回傳值的變數名稱不必與函式內部的名稱相同。例如，我可以把變數名稱設為 pin──」

```
# 呼叫函式進行終極密碼遊戲
pin = guess_password(max_attempts=5)
print("\n正確的密碼是：", pin)
```

Mounted at /content/drive

請輸入密碼，範圍是 0000~9999，你有 5 次機會。

第 1 次猜測，請輸入 0000~9999 之間的四位數字：0728

第 2 次猜測，請輸入 0711~9999 之間的四位數字：0857
恭喜你通過試驗，可以使用本電話卡打電話了。

正確的密碼是： 0857

接著說道：「同時，我也透過呼叫函式時指定參數值 max_attempts 為 5，來改變猜測次數。

「需要注意的是，傳入的值必須是整數型別，否則程式也會出錯。假如我們不小心傳入了字串型別的 '5'——」

```
# 呼叫函式進行終極密碼遊戲
pin = guess_password(max_attempts='5')
print("\n正確的密碼是：", pin)
```

TypeError: 'str' object cannot be interpreted as an integer

並解釋著：「因為函式內部期望接收到的 max_attempts 是整數型別，而字串無法用於計算猜測次數，因此會導致錯誤。

「最後，還有一點要注意。**程式碼是由上而下執行的，所以我們必須先定義完函式，才能在後面呼叫它**。這也是為什麼主程式通常會寫在程式的最下方，如此才能使用前面已定義的函式。理解了嗎？你各位。」

見眾人因用腦過度顯得有些疲憊，卻仍強撐著點頭，伊努笑著宣

布：「恭喜你們，終於可以打電話了！」

戲精張弓長忽然假裝擦拭著眼淚，還配上誇張的哭腔道：「太好了，我等這一刻，等得好苦啊！」

不過，他其實是想藉此掩飾內心的不安情緒。當真正可以撥打電話的此刻，他反而畏縮了。『撥通了，我的世界又將變得如何？』這樣的念頭在腦海中揮之不去。

他望著眼前的話筒，百感交集。對人間的思念如洶湧的潮水般朝他襲來，讓他一時無法言語。

其實，程式還能再進一步優化，讓外部使用者透過『import』來引入我們編寫的終極密碼函式模組。如此一來，他們就只能透過呼叫 guess_password() 函式來進行猜測，而無法直接查看隱藏在函式內部的「密碼讀取與判斷邏輯」程式碼細節。

不過，這部分屬於進階的應用，我想等大家學會套件使用之後，再向各位說明。因此，有興趣的朋友，可以在看完我們的故事（這本小說）後，到書附檔案中查看《番外》電子書。

經過一番努力，他們成功設定了密碼，也編寫了密碼驗證程式，甚至將其封裝成函式。現在，三人總算可以撥打電話回人間了。

雖然這是張弓長期盼已久的時刻，但他的眼神中依然流露出緊張與不安。他需要透過這通電話確認家人和女友的狀況，也想藉此向他

們宣告自己「還活著」，並即將歸來。

深吸一口氣，他執行了剛才寫好的程式，也順利通過密碼驗證。螢幕隨即顯示撥打介面，提示需要輸入對方的姓名、出生年月日，以及選填的生辰八字欄位 —— 如果輸入生辰八字，系統能更快速精準地查出目標託夢對象。

張弓長謹慎地輸入母親的姓名與生日，檢查無誤後，拿起話筒，盯著螢幕上顯示的「搜尋中……」，心跳如擂鼓般急促。

四人屏氣凝神，一度以為打不通。然而，在漫長的等待後，話筒那頭終於傳來熟悉的聲音 ——

『喂？』對方的語氣中帶點遲疑。

聽到這溫柔的聲音，張弓長的眼眶立即泛紅。儘管離家僅僅一週，但靈魂獨自在地府漂泊的日子，卻彷彿跨越了無數個秋冬。

「……媽。」他小心翼翼地應聲。

『阿長？是阿長嗎？』張媽媽驚喜交雜，急切地詢問著。『你終於醒來啦？怎麼小璐沒有打電話告訴我呢？』

「小璐？她現在在我身邊嗎？」

『對啊，今天換她去醫院照顧你啊，你醒來沒看到她嗎？』

張弓長又深吸一口氣，才開始解釋這離奇的情況：「媽，我只有十分鐘的通話時間，請妳仔細聽我說。

「雖然妳可能很難相信，但我現在應該還沒醒來 —— 我的靈魂還在地府，好不容易才有機會聯繫妳……不過，嚴格來說，算是託夢給妳。」

『咦？你在說什麼……你是詐騙集團嗎？』張媽媽一時錯亂，在電話的另一頭脫口而出，隨即又懊惱地自言自語：『啊不對，哪有人這樣問的啦吼！』

「媽，我真的是阿長啦 —— 從小最愛吃妳烤的焦糖布丁的阿長。高三那年學測壓力大到一天吃一手布丁，結果肚子痛了三天，這事只有我們知道吧？」他耐心地用回憶證明自己正是張弓長本人。

『是這樣沒錯……』張媽媽語氣逐漸放鬆，隨後靈機一動：『那我再問你一個問題，你從小到大交過幾個女朋友？』

「幼稚園和青梅竹馬小語交往過，到高中因為她搬家而分手，後來就跟小璐交往到現在。媽，這樣妳總該相信了吧？」

『你真的是阿長！但是地府……車禍……怎麼會……』張媽媽語無倫次。『你不是還有呼吸心跳嗎？』

「閻王姐姐說昏迷的人的靈魂會被召喚到地府，學完程式、拿到證書之後就能回到陽間。我已經快學完了，靈魂就快要可以回去了。再等我幾天就好！」

『等等，你見到閻羅王了？』張媽媽驚訝道。

「對啊，她是個很酷、很帥，也很搞笑的大姐姐，和傳說中的不一

樣吧！」

『我說阿長，會不會你去的是盜版地府啊？』母子倆不愧是親生，連吐槽的點都如出一轍。

「我不能肯定，但只要能回到人間都好，其他的都無所謂。等我回去再跟妳分享地府的趣事！」

『阿長啊……』張媽媽臉色一沉，語重心長地問：『你真的想回來嗎？』

「當然想啊！怎麼突然這樣問？」不明白對方為何這樣詢問自己，這讓他感到莫名的害怕與不安。

張媽媽頓時眼眶泛淚，聲音哽咽，難以繼續說下去，便叫一旁的張爸爸來跟他兒子說明。

「等等，爸，你怎麼會出現在老媽的夢裡？」張弓長有些詫異。

『我也不知道啊！剛才看你媽吃飯吃到一半突然睡著，我只是想叫醒她，沒想到人就到這裡了。』張爸爸盡可能讓自己冷靜地說：『其實阿長……有件事爸媽要你想清楚。你的右手和右腳被撞斷了……就算回來，也沒辦法像你以前那樣騎車到處亂跑，生活也會有些不方便。』

張弓長一陣沉默，心如被重擊一般。他原以為一切能如常，但現實的殘酷卻讓他無法立即接受。

『阿長，我們年紀也大了，不一定能長久照顧你。小璐還年輕，也不好耽誤她，你說是吧？』

「⋯⋯爸，我真的不是被撞昏而已嗎？」張弓長仍難以相信這突如其來、又出乎預料的消息。

『阿長，爸有騙過你嗎？雖然我們很想你，大可瞞著你，等你回來。可是我跟你媽都不希望看你過得辛苦⋯⋯知道你在那邊過得很好，其實我們的心中也放下了顆大石頭。』

張弓長瞥了一眼螢幕上的倒數計時器，眼看能通話的時間不多了，他只好暫時壓抑即將崩潰的情緒，緩緩地開口，低聲說道：「我知道了，我會再想想。」

接著，他趕緊問了最關心、也最在乎的問題：「話說，爸、媽，你們過得好嗎？」

『還不錯吧，每天都過得差不多，身體也很健康，不用擔心。』張媽媽答道。

『硬朗的勒！』張爸爸爽朗地回答。

聽到老人家有朝氣的回應，張弓長也稍微放了下心，「那就好。那小璐呢？她還好嗎？」

『你不要看小璐有時候對你很兇、很任性，你昏迷不醒這段期間，她每天去醫院陪你，哪怕工作再忙也一樣。』

『這幾天，我們才真正意識到小璐對你的感情有多深。』

聽爸媽一搭一唱地說著小璐對自己的好，張弓長仰著頭，努力止住那即將溢出眼眶的淚水。

「爸、媽，我快沒時間講電話了，回不回去的事，等我思考幾天再想辦法告訴你們。但不管怎樣，你們一定要照顧好自己。」

『沒問題，阿長，你也要照顧好自己喔。』張媽媽叮嚀著。

「我會的。最後，拜託幫我告訴小璐，我很愛她，但我更希望她能幸福。」他說地匆促，「還有，爸、媽，謝謝你們養我長大，我也很——」話還沒說完，訊號被硬生生地中斷，電話那頭只剩下無情的嘟嘟聲。

「⋯⋯愛你們」

隨後，滿滿的失落感襲來，他彷彿被抽乾力氣地跌坐在地。「該怎麼辦啊⋯⋯」他喃喃自語。

『這該怎麼辦？』張弓長的內心糾結不已。『我原本只是想告訴家人我還活著，在陰間的魂魄也將要回去了，想讓他們放心，結果⋯⋯』

思及此，眼中的淚水終於滑落。他蹲坐在地，抱緊雙腿，肩膀隨著壓抑的啜泣而微微顫抖。

另外三人面面相覷，一時語塞。儘管不清楚事情的全貌，但大致能從話語間猜出他受到了不小的打擊。

張弓長有些困難地站起身，扯了扯嘴角，勉強擠出一點笑容。「郁安、阿部，換你們打電話了。我去湖邊靜一靜。」他把電話卡塞給郁安，轉身離開。

郁安望著他的背影，忍不住想追上去。張弓長的這副模樣，他們

哪可能有心情打電話。但伊努輕輕攔住她，小聲說：「讓我去。」示意郁安和阿部留在這裡。

阿部和郁安對視一眼，最終點頭同意。看著伊努離去的背影，阿部低聲說：「我們做該做的事吧，別擔心了，伊努最能安撫他。」

追了上去的伊努，與張弓長保持著幾步的距離，體貼地問：「阿長，我可以過去陪你嗎？」

看著眼前的後腦勺，先是愣了下，然後猶豫了會。良久，才緩緩點頭。

獲得許可的伊努這才又邁開步伐，小跑步到張弓長的身旁，靜靜地與他一起朝湖邊走去，來到上次一起待過的那顆大石頭。

微風輕拂過湖面，泛起了層層漣漪。

他們並肩坐下，不發一語。只要張弓長沒有打算開口，伊努就什麼也不會問。

過了好一陣子，張弓長才低聲道：「我爸說，我的右手右腳已經斷了，他們希望我好好考慮要不要回去人間……但我不知道該怎麼面對未來，感覺不論怎麼選，前途都一片黯淡。」

「那你目前有什麼想法嗎？」伊努難得溫柔地問。

「回去後沒了健全的身體，生活會很辛苦。我也不想成為他們的負擔，更不希望拖累小璐……」張弓長的聲音顫抖，眼淚再次滑落。「可

是，我好想念他們⋯⋯」

伊努輕拍他的背，「很難抉擇，對吧？」

「嗯⋯⋯頓時對往後的人生失去了希望，也對任何事都提不起勁。」他垂下頭，悵然若失。

伊努停下動作，緩緩說道：「雖然我才認識張弓長沒幾天，但我有發現，即使他在低谷時，也會努力讓自己振作、打起精神。

「我不會叫你別難過。你會感到喪氣、迷惘、難受，這都很正常。但我知道，你遲早能找到方向。」

說完，他拿出了隨身攜帶的巧克力，拆去包裝，再遞給張弓長。「不用急著做決定，地府也不會趕你回去。到最後，你想回去面對現實生活也行，想留在這裡過新的人生也行。」

張弓長接過巧克力，咬了一口，感受著苦甜滋味在嘴裡化開。

他的眼眶再度泛淚，點頭回應伊努的話。「原來，整件事情並沒有我想像中的順利，或許是我太過樂觀了也說不定。」

「這不也是你的優點嗎？我也喜歡你那開朗樂觀的個性。」伊努對他微微一笑，伸出手拉起張弓長，「回去吧，郁安和阿部還在等，他們也很關心你。」

張弓長乖順地點頭，將最後一口巧克力放入口中。

回到電話亭的兩人，看見阿部和郁安似乎已結束了通話，正坐在一旁的木板凳聊天。

「你們都打完電話了？」張弓長快步走去，雙手合十，語帶歉意：「讓你們久等了，不好意思。」

「阿部說他不打電話了，想把這次機會留著讓你打給家人。」郁安笑著回答。

「不是啦，是我本來就沒特別想打給誰。」阿部站起身，順手摸了摸張弓長的頭，說：「感覺你還需要再打一通電話，到時候就用我那份吧。」

郁安在一旁，有些不好意思地低下頭，「但我還是打電話給男友了，抱歉。畢竟昏迷了兩個月，心裡還是會有些焦慮，也擔心他會變心。」

「有什麼好道歉的，一人一通是說好的啊。」張弓長慌張地揮了揮手，隨即關心地問：「那打給男友後，還好嗎？」

「他很驚喜我能醒來，本來還以為我會變成植物人。」郁安一臉幸福地笑著，「他還說他是個宅宅工程師，平時沒什麼機會認識新朋友，哪那麼容易變心。」

「那就好。」張弓長微微一笑，下意識地瞥了阿部一眼。他替郁安感到高興，卻也為阿部感到惋惜，不免有些擔心他的感受。

不過，沉穩的阿部面無異色，似乎對於郁安有男友一事並無任何情緒波動。或許，他早已放下那份悶騷的好感也說不定。

張弓長想了想，決定還是等回到小木屋後再關心阿部；況且，他自己的心情也尚未完全平復。

這時，郁安突然小聲開口：「可是……其實我不知道自己什麼時候才能回去。我原本的程式指導員早就封鎖我了……」

「根據我的觀察，Python 的基礎妳已經學得差不多了，快要可以領證了。妳就交給我來接手吧，我會跟閻王說的。」說不想再接手第三位學員的伊努，看來是自打嘴巴。

這番話著實讓郁安感到意外，她興奮地向三人深深鞠躬道謝：「真的很感謝你們！能遇到你們是我最大的幸運。」

見郁安燦爛的笑容，他們心中不約而同感到一陣暖意。

他們都為她感到開心。畢竟，她當初隻身一人來到陌生的地府，卻碰上不負責任的程式指導員，最後只能自食其力。如今，她終於看到回家的曙光，還有愛她的人在等著她，實在令人欣慰。

受到郁安情緒的感染，伊努也不自覺地嘴角上揚，隨後看向眾人，輕聲說：「那我們該回去了吧。」

「嗯，回宿舍吧。」張弓長點了點頭，視線再度落在阿部身上，注意到他看郁安的眼神多了幾分平靜的祝福。

『會好起來的，沒事的。』張弓長也在心裡對自己打了氣。

郁安的碎碎念

其實我原本以為自己再也沒有機會回到人間了。都快放棄時，伊努卻在教了我們**迴圈、檔案讀寫與函式**之後，說要接手擔任我的程式指導員。

現在回想起來都覺得不可思議。一開始只不過是幫助了一個迷路的人而已。沒想到，一件微不足道的小事，一個不經意的舉手之勞，竟然讓我和張弓長成了朋友，還因此認識了阿部和伊努。

真的很感謝這段緣份，遇見了他們，我才有機會重返人間；甚至能夠打電話回家，得知男友不變的心意，也都是托他們的福。

另一方面，我也感謝當時選擇幫助他們的自己。如果沒有相遇、沒有相逢，或是沒有在相逢後分享我所學到的程式，我們的緣分大概也就止步於拉麵店的員工和客人吧。

今天和男友通話時，我告訴他地府的事。他很意外我還能醒來，也訝異我的靈魂居然在地府學習他賴以維生的工具。

他說，我昏迷的這兩個月，只要沒加班，他都會帶著我愛吃的晚餐去醫院陪我，跟我說話。他以為我聽得到，但我笑著告訴他，我的意識不在醫院，所以他對我說的話，我一句也不知道。

『還好妳沒聽到，我只是在細數我們交往以來的每段回憶而已。』他這樣回答。

他也說，其實曾想過要放棄這段感情，但他真的太忙了，沒心思去認識其他人；另一方面也在想著，如果他和別的女孩在一起，那麼我

這昏迷不醒的肉體該怎麼辦。每當想到這裡，他就沒辦法放下我不管。

「還好我沒有放棄。回來之後，我們結婚吧，郁安。」電話的那頭，他向我求婚了。

雖然很不浪漫，卻又很有他的作風。希望回去之後，他能再正式向我求一次婚。

我們也說好了，未來一定會更加珍惜兩人相處的時光。畢竟人生無常，與其等到發生了才後悔，不如在那之前用力地過每一天、好好地相愛。

我好想快點回到他的身邊。但同時，也想好好珍惜在地府最後的時光。

地府村民交流魈 > 程設板

分類	Colab
作者	inuqq
標題	[教學] 在 Colab 掛載 Google Drive

如果需要在 Colab 筆記本中存取外部檔案，請先將該檔案上傳至 Google 雲端硬碟（Google Drive）。接著，只需在 Colab 中掛載自己的 Google Drive 即可。本篇文章將會詳細說明操作步驟。

那就，開始吧 :)

Step 1　將檔案上傳至 Google Drive 之後，開啟 Colab 筆記本，並在程式碼儲存格中輸入以下程式碼後執行：

⬇　開啟「google_drive.ipynb」

```
from google.colab import drive

# 掛載 Google Drive
drive.mount('/content/drive')
```

Step 2　稍等一會，當畫面出現如下圖的訊息視窗時，請點選「連線
至 Google 雲端硬碟」。

要允許這個筆記本存取你的 Google 雲端硬碟檔案嗎？

這個筆記本要求存取你的 Google 雲端硬碟檔案。獲得 Google 雲端硬碟存取權
後，筆記本中執行的程式碼將可修改 Google 雲端硬碟的檔案。請務必在允許這項
存取權前，謹慎審查筆記本中的程式碼。

不用了，謝謝　　連線至 Google 雲端硬碟

Step 3　在彈出的視窗中（如下圖），選擇上傳檔案的 Google 雲端硬
碟帳戶，然後按下「繼續」鈕進行登入。接著，在授權清單
中勾選「全選」，並點擊最下方的「繼續」鈕授權 Colab 存
取 Google Drive。

看到如上圖的執行結果，表示已成功掛載 Google Drive。

Step 4 點擊「+ 程式碼」新增儲存格,並在新的儲存格中建立 test.txt 的檔案路徑(`'/content/drive/MyDrive/'` 是固定的基礎路徑)。接下來,就能開啟與讀取該檔案了。

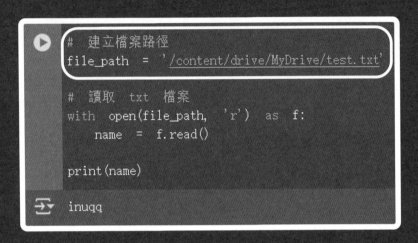

```
# 建立檔案路徑
file_path = '/content/drive/MyDrive/test.txt'

# 讀取 txt 檔案
with open(file_path, 'r') as f:
    name = f.read()

print(name)
```
```
inuqq
```

> **備註**
>
> 若 test.txt 檔案位於 Google Drive 的 Python 資料夾中,其完整檔案路徑為:
>
> '/content/drive/MyDrive/Python/test.txt'

以上,祝大家操作順利 :)

推 changchang:推詳細解說的程式指導員。

推 abe_kei:推地府最帥 (?) 的程式指導員。

推 yu_an:推溫柔親切 (?) 的程式指導員。

你們好煩 XD

地府村民交流魁 > 程設板

分類	Python
作者	changchang
標題	［筆記］for 迴圈與 while 迴圈趴兔

安安，又是我，那個被機車撞昏而莫名來到地府的菜逼八。

上一篇寫了 for 迴圈、while True 無窮迴圈與進階資料型別的筆記。
但我在更深入了解讓重複操作自動化的 for 迴圈與 while 迴圈之後，
才發現上一篇寫得還不夠詳細。因此這篇會補充一些常見用法，以及
它們的差異比較。

還是老話一句，如果這份筆記也能幫助到同為程式小白的你，那我會
很開心。

for 迴圈

1. 基本用法

for 迴圈用來依序取出序列中（例如串列或字串）的每個元素，並進
行操作。

範例程式：

```
name = '蔡逼八'
for char in name:
    print(char)
```

注意事項：

- 迴圈內的程式碼需要縮排，否則會出錯。

2. 搭配 range() 函式的用法

如果需要執行固定次數的迴圈，可以搭配 range() 使用。

範例程式：

```python
name = '蔡逼八'
print(len(name))
print(list(range(len(name))))

for i in range(len(name)):
    print(f"索引 {i} 的字元為 {name[i]}")
```

```
3
[0, 1, 2]
索引 0 的字元為 蔡
索引 1 的字元為 逼
索引 2 的字元為 八
```

補充說明：

- range(3) 會產生一個從 0 到 2 的序列（不包含 3）。

- list() 函式可將有序的資料轉換成串列。

- name[0] 用來取出字串中索引 0（第一個）的字元。

3. 索引用法

當我們需要元素本身，以及該元素的索引值時，可使用 enumerate()
函式。

範例程式：

```python
name = '蔡逼八'
for i, char in enumerate(name):
    print(f"索引 {i} 的字元為 {char}")
```

```
索引 0 的字元為 蔡
索引 1 的字元為 逼
索引 2 的字元為 八
```

補充說明：

● enumerate() 會同時回傳索引和元素，並且以元組（索引 , 元素）
的形式回傳。因此通常使用兩個迴圈變數來分別承接這兩個值，如上
述範例程式中的 i 和 char。

while 迴圈

1. 基本用法

while 迴圈會根據條件來執行。當條件成立（True）時，就會執行迴
圈內部程式碼，直到條件不成立（False）。常用於不知道執行次數，
但有明確條件的情況。

範例程式：

```python
num, sum = 0, 0
```

```
while num < 3:
    num += 1
    sum += num
    print(f"從 0 加到 {num} 的總和為 {sum}")
```

```
從 0 加到 1 的總和為 1
從 0 加到 2 的總和為 3
從 0 加到 3 的總和為 6
```

補充說明：

- 必須在 while 迴圈之前賦予變數 num 和 sum 的初始值。

- num += 1 即為 num = num + 1。

- sum += num 即為 sum = sum + num。

- 若條件永遠不會變為 False，就會陷入無窮迴圈。

2. 索引用法

搭配索引可以模擬 for 迴圈的效果，但需要手動處理索引。

範例程式：

```
name = '蔡逼八'
i = 0
while i < len(name):
    print(f"索引 {i} 的字元為 {name[i]}")
    i += 1
```

```
索引 0 的字元為 蔡
索引 1 的字元為 逼
索引 2 的字元為 八
```

補充說明：

- 使用 len() 來取得串列的長度，避免超出索引範圍。

for 與 while 的比較

	for 迴圈	while 迴圈
適用情境	走訪序列或執行固定次數的迴圈	基於條件執行，不固定次數的情況
索引處理	搭配 enumerate() 可輕鬆處理索引	需要手動處理索引
迴圈結束控制	預設執行完序列後結束	條件需要明確變成 False 才會結束
易發生的錯誤	in 後接不可迭代的物件會導致出錯	容易陷入無窮迴圈

最後，

因為我現在還很菜，如果有寫錯的或是任何想補充的，可以直接在下面留言。

以上，謝謝大家 XD

推 inuqq：居然出現了我沒教過的內容！

嘿嘿，這是 ChatGPT 告訴我的。

地府村民交流魈 > 程設板

分類　Python
作者　changchang
標題　［筆記］檔案讀寫與函式

安安，還是我，那個被機車撞昏而莫名來到地府的菜逼八。

上一篇補充了 for 迴圈與 while 迴圈的用法筆記。但其實我今天不只學了這些，還學了檔案讀寫，以及函式定義與呼叫。只能說，我的程式指導員是個瘋子，一天之內塞太多東西了啦！不趕快筆記下來，我絕對會忘記。

還是老話一句，如果這份筆記也能幫助到同為程式小白的你，那我會很開心。

檔案讀寫

1. 檔案寫入
用 open() 函式以「w」寫入模式開啟檔案，然後用 .write() 方法寫入內容。

範例程式：

```
with open('test.txt', 'w') as file:
    file.write("我是蔡逼八")
```

補充說明：

● 檔案 test.txt 寫入之後，不會直接顯示在雲端硬碟中，而是暫時存放在 Colab 介面左側的「檔案」面板。

● 模式 w 是覆寫模式，如果檔案已經存在，原內容會被清空。

● with open() 是推薦的寫法，因為它會在執行完 with 區塊後自動幫你關閉檔案。

2. 追加寫入

如果不想覆蓋原有內容，可以用「a」追加模式開啟檔案。

範例程式：

```
with open('test.txt', 'a') as file:
    file.write("\n但我是帥哥")
```

補充說明：

● 模式 a 是追加模式，新內容會加到檔案的最後面。

● 記得換行，否則新內容會直接接在上一行後面。

3. 檔案讀取

用 open() 函式以「r」讀取模式開啟檔案，然後用 .read() 或 .readlines() 方法讀取內容。

範例程式：

```
with open('test.txt', 'r') as file:
    content = file.read()
print(content)
```

補充說明：

- 模式 r 是讀取模式，如果檔案不存在，會出錯。

- .readlines() 可以一次讀取所有行，並以串列形式回傳每行內容。

(**函式**)

把常用的程式邏輯封裝成函式，隨時可以重複使用。

1.定義函式

用 def 關鍵字來定義函式。

範例程式：

```
def say_hello(name):
    print("安安，", name)
```

注意事項：

- 函式標頭的格式為「def 函式名稱 (參數):」

- 函式名稱要有意義，方便理解它的功能。

- 函式內部的程式碼記得縮排。

2.呼叫函式

定義完函式之後，直接用函式名稱加小括號呼叫它。

範例程式：

```
say_hello('蔡逼八')
```

安安， 蔡逼八

注意事項：

- 請在呼叫函式時將需傳入的參數值寫進小括號。

3. 函式的參數

函式可以有一個或多個參數，且參數可以設定預設值。

範例程式：

```
def greet(name='吾友'):
    print("安安，", name)


greet()  # 沒有提供參數，會使用預設值
greet('帥哥')  # 有提供參數值
```

安安， 吾友
安安， 帥哥

範例程式：

```python
def add(x, y, z=5):
    return x+y, x+y+z

sum1, sum2 = add(2, 3)   # 沒有提供參數值 z，會使用預設值
print(f"{sum1}, {sum2}")

sum3, sum4 = add(2, 3, 4)   # 有提供參數值 z
print(f"{sum3}, {sum4}")
```

```
5, 10
5, 9
```

補充說明：

● 函式的回傳值可以存到變數裡，方便後續使用。

● 一個函式只能回傳一次。如果函式內部有多個 return，則在遇到第一個時就結束了。

最後，

因為我現在還很菜，如果有寫錯的或是任何想補充的，可以直接在下面留言。

以上，謝謝大家 XD

推 inuqq：你說誰是瘋子 :)

推 abe_kei：猴 ~ 你完蛋了 (笑

第五章

閻羅王會言：
工欲善其事，必先學套件

天色漸暗，離開電話亭返回宿舍區的路上，默默前行的四人各懷心事，氣氛凝重。連低匯貴和熙嵿也察覺到主人們的低氣壓，僅安分地待在他們身旁，不敢胡鬧。

張弓長低頭走著，目光落在不平整的路面，心中正糾結一個重大抉擇──究竟該回到人間面對殘缺的身體，還是留在地府重啟健全的人生？這個攸關往後餘生的分岔路口令他頭疼不已。

反倒是一旁的阿部，以溫柔的眼神望著郁安，真心為她感到高興──她終於可以重返陽間，回到有人能保護她的地方了。不過一想到再過不久，他們這群夥伴就要分道揚鑣，或許再也見不到面，心中不免五味雜陳。

郁安則盤算著自己的 Python 進度，究竟要學到什麼程度才能回到人間？雖然在地府結識了這群溫暖的朋友，但來到這裡也兩個月了，說不想家是騙人的。

三人各自的思緒在心裡翻湧著。過了許久，打破沉默的卻是伊努：「你們目前已經學過**輸入輸出、變數、資料型別、條件判斷、迴圈、函式，以及檔案讀寫**。對照閻王設立的基準，你們只差**例外處理和套件使用**，就能申請證書了。」

聽到這番話，三人都暫時放下煩惱，轉而在意起伊努所言。

「這麼快？」張弓長驚訝地微微張嘴。他從沒想過，自己這個「碼

盲」竟能在如此短的時間內入門 Python。他甚至連作夢都不敢想。

「對啊，誰叫你們倆經歷的是『趕進度的魔鬼訓練班』嘛。」伊努笑說。

「那就快要分開了啊……」阿部喃喃，話中滿是感慨。他很享受這段同甘共苦的時光，多麼希望時間能夠停留在此刻。

「不過，有個壞消息。」伊努神色凝重，「後天鬼門開，我們這些亡靈準備放整整一個月的長假。也就是說，第 0 層地獄的運作即將停擺，程式指導員多數也會選擇擺爛，暫且放生你們。」

「欸？好過分！」張弓長故作可憐狀。

「那這段期間，你們通常會做些什麼？」阿部好奇地問。

「有些魂會申請去人間旅遊，熱愛工作的則選擇加班賺冥幣，也有一些單純宅在家耍廢的。噢對了，在鬼門關前一週，商店街還會舉辦夏日祭典，我們也能申請擺攤，賺點外快。」

聽到關鍵字的張弓長瞬間兩眼發亮，「人間！我們也能去嗎？！」

「不行啦，你們不是亡靈。」伊努直接劈頭打破他的幻想。

聞言，他不滿地「嘁」了一聲。

「伊努，你之前都怎麼度過這個暑假的啊？」郁安感興趣地追問。

「第一年剛來到這裡，覺得新鮮，整個假期都在地府探險，最後一

週還逛了祭典。到了第二年則因為想裝潢我的小木屋，除了加班就是在家耍廢，好像也沒特別做什麼。」伊努回憶著。

「那今年你想要怎麼過？」張弓長問。

「閻王找我和幾位工程師在鬼門開那天去人間參加研討會，她說主題與地府即將推動的計畫有關。我預計會在人間待個五天，剩下的假期除了陪你們到回陽間之外，好像也沒什麼特別的安排。」話說到最後，伊努雙手一攤，一副無可奈何的模樣。

「不過研討會不是都要事先報名嗎？這樣你們要以什麼名義入場？」阿部問。

「你傻囉？我們直接大喇喇地闖進去聽就好啦！」伊努得意地笑道，「反正大部分的人又看不見我們！」

三人頓時露出「對耶」的表情。

「所以，我不在的這幾天，你們可以好好考慮一下想用哪個套件、做什麼專案。等我回來再帶著你們實作。」此刻的伊努像個即將出遠門的家長，向他們囑咐著。

隨後又補了一句：「當然，你們能自己完成就更好了，這樣我就少一件事了，呵呵。」

「還有啊，機會難得，你們也趁這個機會好好探索地府吧。雖然只能在第 0 層活動，但或許這輩子就只來這麼一次，不去觀光也太可惜了，是吧？」

由於伊努在鬼門開前還有工作需要收尾，因此在岔路口與三人提前道別。張弓長、阿部和郁安也因長途跋涉且用腦過度而感到疲倦，出了森林後便各自回到小木屋休息。

才剛踏進 404 號房，正準備坐下休息，阿部就直截了當地問：「你之後打算怎麼辦？有想法了嗎？」

這突如其來的提問，讓毫無心理準備的張弓長動作頓了一下，欲言又止。

「……其實我整路上都在掙扎。」最後仍說不出具體想法的他，抬頭望向比他年長的阿部，「換作是你，會怎麼選？」

「我嗎？還真的沒想過呢……」他也跟著坐了下來，搓著那略帶鬍渣的下巴。「但，我在人間沒什麼牽掛，要去要留其實都沒差。」

「既然如此，你怎麼沒打算留下來呢？」

阿部聳了聳肩，「硬要說的話，我會選一條比較看得見未來的路吧。對我而言，來到地府後才讓我擁有換工作的念頭，也讓我意識到自己沒有必要賣命工作。所以，我會對於回去之後的嶄新生活感到期待。」

然後，他反問張弓長：「同樣的道理，哪種生活會讓你期待、讓你嚮往？」

張弓長低下頭沉默片刻，隨後苦笑著說：「我原本是期待著有錢之後可以出國四處騎車旅行，但現在手腳都斷了，這個夢想根本成了天方夜譚……但我除了旅行之外又沒其他想做的事，況且，當初也是為了這個夢想才會讀外文系。」

他抬頭看著窗外的藍天，頓了頓又說：「反觀伊努，他每年都有一整個月可以到人間自由閒晃，或許還能任意穿梭於各國之間 —— 這好像讓我有點心動了。」

說到這，張弓長忽然發覺未來的輪廓似乎變得清晰，這使他情緒逐漸高漲了起來，笑容也重新回到臉上。

見狀，阿部笑著拍了下他的背，「追尋你想做的事、喜歡做的事，答案就顯而易見了，年輕人。」

聞言，張弓長卻又退縮了，「可是，這只是一個美好的想像而已，沒怎麼考慮到現實面，也許它過於理想化了。」

「但，也不見得不會實現。」阿部溫柔地笑了下，「這些都可以是你未來努力的方向。只要確定你想成就什麼、最重視什麼，哪條路可以為你帶來更多的快樂與幸福感，就能做出選擇了。」

張弓長靜靜地思考著，忽然眼神一亮，「阿部，謝謝你，我好像有想法了，現在就想告訴伊努！」他倏地站起身，迅速穿上鞋便奪門而出。

他好想早點告訴伊努關於之後的打算，就算思緒尚未完全理清也無妨 —— 他相信，只要和伊努聊過，就會有更明確的答案。

「真是的。」看著情緒總寫在臉上、頭腦簡單又行動派的張弓長風風火火地跑出去，阿部忍不住搖頭笑著。

張弓長又徹夜未歸了。

忘記伊努回公司收尾專案的他，氣喘吁吁地跑到 087 小木屋卻撲了空，只好在屋外坐著等他下班。等到伊努回去時，已是接近午夜的事了。

在等待的這段時間裡，張弓長一直梳理著與阿部的談話，以及自己內心深處最真實的想法。

腦海中反覆回想起那通電話的最後，自己對父母所說的話 ——『拜託幫我告訴小璐，我很愛她，但我更希望她能幸福。還有，爸、媽，謝謝你們養我長大，我也很愛你們。』

「這聽起來就像在道別嘛。」他自嘲地笑著，卻笑得有些苦澀。

究竟是什麼時候開始，讓他覺得留在地府好像也不壞？

是從家人口中得知自己手腳斷了的那一刻嗎？還是在更早之前，地府的同伴們都溫柔待他之時，這樣的念頭就已悄然萌生？

他無從考究。

　　直到午夜時分，伊努才拖著疲憊的身軀回到家，卻在開鎖時意外發現屋外蹲著一個人影──竟是張弓長。

　　「你怎麼會在這裡？！」眼前情景令伊努又驚又喜。這是他腦海中幻想過無數次的畫面，卻也沒想過會真實發生。

　　「嘿嘿，沒什麼，就是……想找你聊聊。」張弓長站起身，有些傻氣地說。「可是你看起來很累了，你先好好休息，我明天再來。」

　　見他轉身要離開，伊努著急地說：「留下來吧，很晚了。我專案已經完成了，明天休假，就算陪你聊到天亮也沒問題。」

　　「你是天使吧？」張弓長欣然接受了伊努的好意。其實，他早已迫不及待向伊努傾訴。

　　進屋後，伊努煮了熱水，準備好上等茶葉與整套茶具，打算與張弓長來場深夜的促膝長談。

　　「說吧。」他一邊將泡好的鐵觀音茶，倒入兩個已溫過的小瓷杯。

　　「就是……那個……我大概會留在地府吧。」張弓長咬牙──明明在屋外等他時，已將前因後果、所思所想反覆順稿無數次；但真正開口時，卻只擠出這一句結論。

　　「咦？我還以為你會選擇回去！」伊努驚訝道，「那你的爸媽和你的女友怎麼辦？他們都在等你醒來。」

　　「他們都是我很重要的人，所以我不想成為他們的負擔……」張弓

長抿唇，神情有些黯淡。「我想，既然我在地府遇到了這麼多好的人事物，也比較有機會完成自己真正想做的事，那麼，留下來應該是個兩全其美的選擇。」

一直低著頭說話的他，偷瞄了伊努一眼，低聲道：「而且，你和阿部……就像是我在地府的家人一樣……」

『家人？』伊努一愣，心中湧起一股暖流。待在地府的這兩年，他早已將除了友情以外的情感封存，可張弓長口中的「家人」二字，卻讓他感到久違的歸屬感。

「你們就像是哥哥一樣，成熟又可靠。只不過阿部打算回人間，這樣家人就少了一個……」

「這也沒辦法，畢竟是他的人生。」伊努安慰道。

「的確……只好拍張合照留作紀念了。」張弓長這才抬起頭，稍稍露出點笑容。「至少，想起他的時候還能看看照片。」

伊努突然靈光一閃，「啊，還是你們『**套件使用**』的專案就做這個？」

「什麼意思？」

「Python 有個著名的**電腦視覺套件 OpenCV**，它可以用來拍照、錄影，甚至進行影像編輯調整，或是人臉辨識、笑臉偵測等功能。等我回來，再一起完成吧。」

「不，我們應該會先試著問 ChatGPT 如何編寫，說不定你回來之前，我們就已經做完了！」至此，張弓長的臉上才又浮現出平時的笑容。

兩人就這樣你一言我一句，越聊越投機，暢談到整夜未眠。

從張弓長的夢想聊到之後的工作規劃，像是能否當伊努的程式助理，或是向小孟姐拜師學做甜點，皆有提及。

除此之外，他們也聊了伊努平時的工作內容、目前的 KPI 進度，以及他未來想完成的事。

直到天色漸亮，兩人才終於抵不住睡意，倒在沙發上沉沉睡去。

醒來時已是傍晚。

伊努匆忙去洗澡，為明天即將遠赴人間參加研討會做行前準備。

張弓長也急著趕回 404 小木屋，深怕阿部像上次一樣，因自己徹夜未歸而鬧脾氣 —— 雖然現在才趕回去也於事無補。

推開家門，張弓長看到意想不到的一幕 —— 郁安竟出現在他和阿部的房間裡，兩人還悠閒地坐在地上嗑著瓜子。

「呃……我回來了。」他故作鎮定地走入房內，擺出若無其事的表

情，「嗨，兩位。」

阿部和郁安沒有搭理他，反而在一旁竊竊私語，偷偷笑著。

「你看，就是這個人。整晚都不知道他在哪裡跟誰鬼混。」

「怎麼忍心讓室友獨守空屋一整夜？好過分。」

兩人一搭一唱，就想看張弓長尷尬的反應。

「欸，你們……」張弓長臉頰脹紅，有些惱羞，「我是去找伊努談事情啦。倒是你們——怎麼孤男寡女共處一室？」

「我們在討論要做什麼專案啊，你有什麼想法了嗎？」郁安聳肩反問。

「欸，正好我也要講這個！」張弓長這才想起正事，「我最後決定不回人間了。所以想說要不要用『OpenCV』這個套件做個拍照小程式？我想跟你們一起合照留作紀念。」

「你確定不回去囉？如果是我還是會選擇回去耶！」郁安對此決定感到訝異，顯然這出乎她的意料。

「對啊。回去後也沒有健全的身體，還要處理一堆現實的問題。不如留在地府，開始過新的人生。」相比昨日的悵然，現在的張弓長似乎已調適好心情，積極面對這既定的事實。

「原本還想說回去後可以保持聯絡呢……」郁安稍顯失落。「但你都想好了，那就祝福你啦。」

「話說回來，你提的 OpenCV 具體要怎麼做？」阿部問。

「我們可以先問問 ChatGPT，看它有什麼建議。說不定還能跟它一起合作編寫程式呢！」有了之前愉快的合作經驗，張弓長異想天開地說。

阿部二話不說，直接打開桌上的筆電，一副要立刻動工的樣子。

「欸等等，現在就要做喔？」張弓長沒料到他行動這麼快。

「對，事不宜遲。」說完，便開啟 ChatGPT，開始了以下的對話——

我是個 Python 初學者，我想在 Colab 透過 OpenCV 這個套件使用筆電的前鏡頭拍照，請問我該怎麼做？請詳細說明操作步驟。

他們三人看了眼 ChatGPT 的回答，其中提到「要在 Google Colab 上使用 OpenCV 來存取本地鏡頭，需要一些技巧。因為 Colab 是雲端執行環境，無法直接連接本地硬體設備，一般會透過 JavaScript 結合 Colab 的功能實現。」

阿部臉色一變，「慘了，JavaScript 是什麼？我們完全不會啊……」

「好像是另一種程式語言吧？」對 ChatGPT 較為熟悉的郁安想了想，然後提議：「要不要問問看有沒有不需要用 JavaScript 的方法？」

阿部應了聲「好」，便繼續與 ChatGPT 溝通 ——

請問有沒有不使用 JavaScript 的方法？

「有耶！」聽到阿部這聲歡呼，張弓長和郁安立刻興致勃勃地湊近查看 ChatGPT 的回覆。

接著得出了結論：「也就是說，如果堅持不用 JavaScript，在 Colab 就難以直接存取本地鏡頭。而最好的方式是改用本地端環境，例如**安裝 Python 和 Jupyter Notebook**，來執行 OpenCV 拍照程式。」

「噢，ChatGPT 還有提供 OpenCV 拍照程式碼耶！就說他比伊努還暖了吧！」阿部再次驚嘆道。

「不過我們的電腦沒有安裝 Python 和 Jupyter Notebook。再說，我根本不知道 Jupyter Notebook 是什麼。」張弓長抓了抓頭，露出困擾的表情。

郁安回應：「我以前曾看過我男友在用，感覺是跟 Colab 有點像的程式編輯介面，但我自己沒有實際操作過。」

見兩人討論半天也沒有結果，阿部乾脆在對話框中輸入 ——

Jupyter Notebook 是什麼？在筆電安裝 Python 和 Jupyter Notebook 會很困難嗎？該怎麼做呢？

正當三人盯著螢幕等待 ChatGPT 的回答，郁安突然感嘆：「阿部，你中文真的很好耶！」

「對喔，難怪我老是忘記阿部不是台灣人。」張弓長忍不住笑著附和。

這時，ChatGPT 已提供了詳細的說明與安裝步驟。三人看著回應，不禁讚嘆：「步驟拆解得好仔細呢，看來一步一步跟著操作應該沒問題。只可惜缺少圖示，似乎有點難理解。」

張弓長靈機一動，也打開了筆電，搜尋地府程設板。不一會兒，他興奮地喊道：「果然，我就知道伊努有寫 Python 和 Jupyter Notebook 的安裝教學！我們跟著他的教學來安裝吧，有附圖片喔。」

也想看上述教學文的朋友們，可以先跳至第 309 頁逛逛地府程設板的 Python 討論區喔！

三人依照伊努撰寫的步驟說明，成功安裝了 Python 和 Jupyter Notebook，並且確認 Python 程式碼能在 Jupyter Notebook 中執行。

他們接著詢問 ChatGPT，該如何透過 Jupyter Notebook 安裝 OpenCV 套件——

請問該如何透過 Jupyter Notebook 安裝 OpenCV 套件？

 透過 Jupyter Notebook 安裝 OpenCV 套件，可以使用 pip 指令直接在 Notebook 中執行安裝。以下是步驟：

1. 打開 Jupyter Notebook

啟動你的 Jupyter Notebook 並進入你想要的工作區。

2. 執行安裝指令

在新的 Code Cell 中輸入以下指令，並執行該 Cell：

```
!pip install opencv-python
```

3. 驗證安裝是否成功

安裝完成後，驗證是否成功安裝。執行以下指令：

```
import cv2
print(cv2.__version__)
```

如果成功，會顯示 OpenCV 的版本號。

　　見 ChatGPT 的回答清晰易懂，執行方法也不算複雜，他們立刻新建了一個檔案，命名為「opencv_camera.ipynb」，隨即按照步驟開始操作。

　　在安裝完 OpenCV 套件，也執行了「驗證安裝是否成功」的程式之後，他們得到版本號「4.10.0」的輸出。

「安裝成功了！」這是張弓長第一次接觸非 Python 內建的第三方套件，今天所進行的一切對他而言，可說是充滿了成就感。

再者，這也是他首次接觸「命令提示字元」的黑畫面，光是在上面輸入指令，就讓他興奮不已。

「那我們應該可以執行 ChatGPT 先前提供的 OpenCV 拍照程式碼了吧？」郁安問道。

阿部點了點頭，「試試看吧。」隨即在 Jupyter Notebook 的下一個編輯單元（cell）中，貼上郁安提及的拍照程式碼——

```python
import cv2

# 啟動攝影機 (通常前鏡頭的 index 為 0)
cap = cv2.VideoCapture(0)

if not cap.isOpened():
    print("無法開啟攝影機")
    exit()

print("按下 's' 拍照並儲存，按下 'q' 離開")

while True:
    # 讀取影像幀
    ret, frame = cap.read()
    if not ret:
        print("無法讀取影像")
        break

    # 顯示影像
```

```
    cv2.imshow('Camera', frame)

    # 按鍵控制
    key = cv2.waitKey(1) & 0xFF
    if key == ord('s'):  # 按 's' 拍照
        cv2.imwrite('photo.jpg', frame)
        print("照片已儲存為 photo.jpg")
    elif key == ord('q'):  # 按 'q' 離開
        break

# 釋放攝影機與關閉視窗
cap.release()
cv2.destroyAllWindows()
```

　　隨後，阿部按下 Shift + Enter 鍵嘗試執行此拍照程式，卻發現按下後似乎沒有任何反應，這讓他有些慌張。「該不會程式有 bug 吧？」

　　「等等，你看，螢幕下方的工具列好像多了一個工作列按鈕耶，要不要點點看？」郁安眼尖地發現。

　　點擊後，果真彈出一個新視窗，顯示著筆電前鏡頭映照出的三人即時影像。畫面中的他們相視而笑，歡呼道：「成功了！」

　　「我看看喔，它寫說『按下 's' 拍照並儲存，按下 'q' 離開』。」阿部邊看邊念著程式輸出的文字提示。

　　「那我們來拍照吧！服裝儀容準備好！」張弓長興致高昂地說。同時將前鏡頭映照的畫面當作鏡子，整理自己略顯凌亂的頭髮。

　　「3、2、1。」倒數完畢，阿部將輸入法切換至「英文」，再按下鍵盤上的「s」鍵，Jupyter Notebook 上隨即顯示「照片已儲存為

photo.jpg」的提示訊息。

「看來程式應該沒什麼問題。那麼，接下來只要理解每一行程式碼在做什麼就好了，對吧？」張弓長期望理解程式碼的心情，一天比一天還強烈——與他剛接觸程式的第一天相比，實在相去甚遠。

阿部笑著點頭。他按下「q」鍵離開了 OpenCV 顯示的前鏡頭視窗，然後切換回 ChatGPT，將他們方才執行的程式碼貼入對話框，並請它對此進行詳細解說——

我是個程式初學者，請詳細為我解說您提供的拍照程式碼。

以下是這段程式碼的詳細解說，適合程式初學者理解每一部分的功能與作用。

程式功能概述

這段程式碼使用 OpenCV 啟動筆電的前鏡頭，實現即時影像捕捉。使用者可以按下指定按鍵來執行兩個動作：

1. s 按鍵：拍照並將影像儲存為 photo.jpg。

2. q 按鍵：退出程式並關閉攝影機與視窗。

程式碼詳解

1. 匯入 OpenCV 模組

```
import cv2
```

這行程式碼引入了 OpenCV 模組，提供處理影像與視頻的工具。

2. 啟動攝影機

```
cap = cv2.VideoCapture(0)
```

- cv2.VideoCapture(0)：
  - 創建一個 VideoCapture 物件，用來控制攝影機。
  - 參數 0 表示使用電腦的預設攝影機（通常是內建的前鏡頭）。
  - 如果電腦有多個攝影機（如外接攝影機），可以嘗試將 0 改為 1 或其他數字，來選擇不同的攝影機。

3. 檢查攝影機是否正常啟動

```
if not cap.isOpened():
    print("無法開啟攝影機")
    exit()
```

- cap.isOpened()：
  - 檢查攝影機是否已成功啟動。
  - 如果攝影機無法啟動（例如攝影機被其他應用程序佔用），cap.isOpened() 會返回 False。

- exit()：
  - 結束程式執行，避免後續的程式碼因攝影機無法啟動而出錯。

4. 提示使用者操作

```
print("按下 's' 拍照並儲存，按下 'q' 離開")
```

這行程式碼在終端機中顯示提示，告知使用者如何操作。

5. 進入主迴圈

```
while True:
```

開始一個無限迴圈，用來持續捕捉攝影機的影像並顯示。

6. 讀取影像幀

```
ret, frame = cap.read()
```

- cap.read()：
  - 從攝影機中讀取一個影像幀。
  - 返回兩個值：
    - ret：表示是否成功讀取影像（True 表示成功）。
    - frame：捕捉到的影像（以 NumPy 陣列形式存儲）。

- 如果 ret 為 False，表示無法讀取影像（可能是攝影機硬體問題或連接斷開）。

7. 顯示影像

```
cv2.imshow('Camera', frame)
```

- cv2.imshow()：
  - 顯示捕捉到的影像。
  - 第一個參數 'Camera' 是顯示視窗的標題。
  - 第二個參數 frame 是要顯示的影像。

8. 等待按鍵輸入

```
key = cv2.waitKey(1) & 0xFF
```

- cv2.waitKey(1)：
  - 等待按鍵輸入，單位為毫秒。
  - 1 表示等待 1 毫秒。

- & 0xFF：
  - 將輸入的按鍵代碼處理為有效範圍，確保兼容性。

9. 按鍵控制

```
if key == ord('s'):  # 按 's' 拍照
    cv2.imwrite('photo.jpg', frame)
    print("照片已儲存為 photo.jpg")
elif key == ord('q'):  # 按 'q' 離開
    break
```

- key == ord('s')：

    - 檢查是否按下字母 s。

    - 如果是，執行以下動作：

        - cv2.imwrite('photo.jpg', frame)：

            - 將當前影像幀 frame 儲存為檔案 photo.jpg。

        - print()：

            - 在終端機中顯示儲存成功的訊息。

- key == ord('q')：

    - 檢查是否按下字母 q。

    - 如果是，跳出迴圈並退出程式。

10. 釋放資源與關閉視窗

```
cap.release()
cv2.destroyAllWindows()
```

- cap.release()：

    - 停止攝影機，釋放硬體資源。

- cv2.destroyAllWindows()：

    - 關閉所有 OpenCV 建立的視窗。

執行結果

1. 啟動程式後，會彈出一個攝影機視窗顯示即時影像。

2. 按下 s：捕捉當前影像並儲存為 photo.jpg。

3. 按下 q：關閉程式並釋放攝影機資源。

進階提示

1. 調整儲存影像的格式與品質：

可將 photo.jpg 改為其他格式（如 PNG），例如：

```
cv2.imwrite('photo.png', frame)
```

2. 檢查儲存位置：

預設儲存在程式所在的目錄。

3. 處理影像前進行濾鏡或處理：

在儲存前，可以對 frame 進行處理，例如轉灰階：

```
gray_frame = cv2.cvtColor(frame, cv2.COLOR_BGR2GRAY)
cv2.imwrite('photo_gray.jpg', gray_frame)
```

希望這些解說對你理解程式有幫助！如果還有其他問題，歡迎隨時詢問 😊

　　看完這長達五頁的詳細說明，他們對這段程式碼邏輯已了然於心，隨即詢問 ChatGPT 如何透過程式顯示拍攝的照片檔案──

若我想查看拍攝的照片，我該如何透過程式來開啟並顯示照片檔案？

※ 備註：僅擷取部分回答

你可以使用 Python 的 OpenCV 或其他模組 (例如 PIL 或 Matplotlib) 來開啟並查看照片檔案。以下是幾種方法的詳細解說：

方法 1：使用 OpenCV 開啟與顯示照片

OpenCV 是非常強大的影像處理工具，可直接顯示影像。

範例程式碼

```python
import cv2

# 讀取影像檔案
image = cv2.imread('photo.jpg')

# 檢查影像是否成功載入
if image is None:
    print("無法讀取影像檔案")
else:
    # 顯示影像
    cv2.imshow('Photo', image)

    # 等待按鍵，按下任意鍵關閉視窗
    cv2.waitKey(0)
    cv2.destroyAllWindows()
```

程式碼解說

1. cv2.imread('photo.jpg')：

- 讀取影像檔案，返回 NumPy 陣列。

- 如果檔案不存在或無法讀取，會返回 None。

2. cv2.imshow('Photo', image)：

- 在視窗中顯示影像，視窗標題為 'Photo'。

3. cv2.waitKey(0)：

- 等待使用者按任意鍵。

4. cv2.destroyAllWindows()：

- 關閉所有 OpenCV 視窗。

總結

- **OpenCV**：適合需要進一步影像處理的情境。
- **Pillow (PIL)**：簡單易用，適合快速查看影像。
- **Matplotlib**：適合與數據視覺化結合的情境。

你可以根據需求選擇合適的方法。如果有其他需求，歡迎繼續詢問！😊

他們再次貼上 ChatGPT 提供的程式碼並且執行，螢幕上隨即顯示出剛用 OpenCV 拍的合照，照片中的三人笑容燦爛。

見狀，阿部不禁感嘆：「沒想到會這麼順利，居然真的可以跟 ChatGPT 合作編寫程式碼……」

「對啊，我原本以為過程會很坎坷，結果沒想到它能做到這個地步……」張弓長也跟著附和。

「不過，我們在伊努出門前就把他交代的任務完成了……那接下來的幾天要幹嘛？」郁安則徵詢著大家的意見。

若被問到閒暇時該做什麼，張弓長的反應永遠都是出門走走——

「伊努不是要我們好好地在地府探險嗎？那我們明天就出發吧！」

「好啊。」一向對觀光興致缺缺的阿部，這次難得點頭同意。「畢竟，我們可能再過幾天就要離開這裡了。就像伊努所說的，此生可能只來這麼一次，是該深入走訪一番。」

一想到相處的時光所剩無幾，三人心中的不捨之情油然而生。

鬼門開的那天清晨，張弓長與阿部特地早起。

他們快步趕往 087 小木屋，想為即將前往人間旅行的伊努送行──沒想到卻又撲了個空，伊努早已離開地府。

「啊，還是來晚了⋯⋯原本想跟他炫耀我們完成了 OpenCV 拍照程式的說⋯⋯」張弓長一臉可惜地說。

「難怪一路走來幾乎沒見什麼人。這段時間我們這層地獄應該會變得冷清不少。」阿部嘆了口氣。

「對啊⋯⋯」略顯失落的張弓長卻突然腦筋一轉，「不曉得其他層地獄會不會也放假？」

他們倆一瞬間萌生出「趁大人們不在時偷跑到別層地獄冒險」的念頭，但一想到「人在做天在看」，萬一被抓到，先前為了回人間所付出的努力恐怕會付諸東流，於是馬上打消了這個想法。

「別想這些有的沒的。我們先去找郁安吃早餐吧，晚點不是還要在這層地獄探險？」

聽到「郁安」，張弓長才想起，自從打完電話到現在，都還沒關心過阿部的心情，身為「家人」實在有些失職。只不過，事隔這麼久才問，反而讓他不知該如何開口。

阿部敏銳地察覺到張弓長欲言又止，關切地問：「怎麼了？」

「就……打電話那天，大家才知道郁安有男友……」張弓長有些吞吞吐吐地說。

「她這麼好的女孩，有男友很正常吧？」阿部語氣聽來雲淡風輕，但頓了頓後，卻又輕聲補了一句：「只不過，私心希望回去之前能再跟她多相處一些……」

然後他笑著拍拍張弓長的肩，「所以接下來這幾天，你要多約她出來喔！」

一直以為自己是電燈泡的張弓長，這時才恍然發現自己其實是個工具人。意識到這件事的他，噗哧一聲笑了出來，「好啦，幫你啦。」

走向郁安小木屋的路上，他們聊著地府的點點滴滴，也憶起這如夢一般的時光。

而當話題轉向伊努時，阿部若有所思地說：「不知道伊努那邊的情況如何？」

「其實我很好奇，他們到底是怎麼去人間的？在人間又是怎麼移動的？是用飄的呢，還是用走的？」張弓長一臉認真地問道。

聞言，阿部忍不住笑了出來，「你的腦袋怎麼總是想些奇奇怪怪的。」

與此同時的另一邊——正搭著渡船前往陽間的閻王、小孟姐與伊努等人，在船上進行著「入侵台灣人工智慧應用研討會」的行前說明會。

一般而言，居住在第 0 層地獄的亡靈，若計劃在鬼門開時前往人間，需事先提交外出申請。

審核通過後，於出發日攜帶申請單到渡船頭，渡魂人就會在亡靈身上蓋下「倒數計時印記」，即可搭乘靈界船夫駕駛的渡船前往陽間。

待印記到期之時，在人間的亡靈會被「靈氣漩渦」強行吸回地府。而這種漩渦也正是張弓長等人被召喚到地府時的通道。

眼下船上的工程師們正情緒高漲。畢竟研討會結束後便可在人間自由行——一年一度的珍貴假期，實在很難讓人不亢奮。

閻王站在船艙的講臺上，清了清喉嚨，道：「大家聽著——研討會為期三天，中途離席者需接受相應的處罰，還請各位自重。這段期間，各位可以選擇感興趣的場次聆聽，並於最後一天繳交參加的場次清單與筆記。回地府後，筆記會歸還至你們的小木屋信箱。

「研討會結束後，各位即可自由地在人間活動，但請切記不要做壞事，以免落入其他層地獄。以上，預祝各位有個美好的假期。」

話音剛落，船上響起此起彼落的歡呼聲，顯然大家都帶著旅遊的心情參與本次研討會。

趁著會議的空檔，伊努悄悄走到閻王和小孟姐的身旁，向他們彙報張弓長決定留在地府一事。

「還真是第一個因為『得知自己身體殘缺』而選擇留在地府的案例呢。」閻王也覺得新奇，「不過也是，畢竟能與人間取得聯繫的人少之又少。」

一想到張弓長不惜傾家蕩產只為購買一張電話卡，小孟姐忍不住關心地問：「張張有說他想在地府做什麼嗎？他現在大概身無分文，得找工作了吧？」

「他嗎？他說想當我的程式助理，或是向小孟姐拜師學做甜點……這可以嗎？」

「我可不介意收他為徒弟，誰叫張張那麼可愛，呵呵。」小孟姐笑眯眯地說。

一旁的閻王吃醋似的，不悅地撇撇嘴。

聞言，伊努向兩人深深鞠躬，「非常感謝兩位的協助。等回到地府後，我再帶著他一起去找兩位。」

「好啊，回去後再到酒吧談談吧。」閻王提議。「不過研討會結束後，我和小孟應該會在人間多逗留幾天，回去時再聯絡你。」

伊努再次鞠躬致謝。

隨後，閻王與小孟姐一同離開船艙，走向甲板。

「研討會結束之後，想去哪裡？」閻王問道。

「我想去北海道泡露天溫泉。」

「好啊。」閻王爽快地答應。

「我還想去偷窺法國米其林三星餐廳的廚房。」

「不愧是妳。」聽到這個行程，閻王不禁笑了出聲。

「我還想……」兩位地府大人物的笑聲逐漸遠去，最終消失在船的另一頭。

伊努不在的這幾天，對張弓長、阿部和郁安而言，就像個意外賺到的小假期。

在鬼門開前就已完成伊努交代事項的他們，趁著這段空閒，花了整整三天把第 0 層地獄逛了個遍。

舉凡商店街的小巷，或是隱密的森林小徑，他們都不放過。也因此，沒有手機導航的三人，難免迷過幾次路。

經過漫長且細膩地探索，終於回到 404 小木屋的三人瞬間癱軟在地。

「哇嗚，腳超級痠！」郁安不顧形象地躺在冰涼的地板上，用拳頭捶著自己酸痛的大腿。

「我還是覺得這裡沒有交通工具很不方便。」張弓長再度埋怨。不過幸好他還年輕，平時也喜歡跑跑跳跳，連續走了三天雖然略感疲憊，卻還不至於精疲力竭。

阿部則揉著因乳酸堆積、正無聲抗議的雙腿，在一旁苦笑著。不過，一想到終於和他們一起走遍地府，心中還是有股暖意。

相處的時光，在倒數著。

張弓長打開筆電，想著多拍幾張照片留作紀念，尤其這副「累得半死」的狼狽模樣也不能漏掉。

正當他準備開啟 Jupyter Notebook 時，郁安忽然抬頭說：「對了，伊努不是說過，我們還要學完『**例外處理**』才能拿到證書？」

「對耶，我完全把這件事忘得一乾二淨了！」張弓長立刻轉而開啟 ChatGPT，「先來問問看什麼是例外處理好了。」

「阿？現在嗎？我好累餒……」阿部在桌邊拉著筋，不情願地說道。

「對呀，事不宜遲，這可是你教會我的。」他笑著敲打鍵盤，在對話框中輸入了 Prompt。

看著這似曾相識的情景，郁安忍不住笑了起來，隨即坐起身子，拍拍臉頰打起精神。

什麼是例外處理？

簡單的幾個字，卻引來 ChatGPT 作文般的回應 ——

 ## 例外處理（Exception Handling）

例外處理是程式設計中的一種機制，用來處理程式執行時可能發生的錯誤或異常情況，從而讓程式能夠更穩定地運行，而不至於因為一個錯誤就整個崩潰。

為什麼需要例外處理？

在程式執行過程中，可能會遇到許多無法預料的問題，例如：

1. 使用者輸入了無效資料（例如要求輸入數字卻輸入了文字）。

2. 檔案不存在或無法開啟。

3. 網路連線失敗。

4. 除以零或其他數學錯誤。

5. API 請求超時或伺服器錯誤。

例外處理的目的就是在這些情況下，捕捉錯誤並做出適當的處理，避免程式直接崩潰，並給使用者清楚的錯誤訊息。

Python 的例外處理語法

Python 使用 **try...except...finally** 語法來實現例外處理。

基本結構

```
try:
    # 嘗試執行的程式碼
except (錯誤類型) as e:
    # 當發生指定錯誤時執行的程式碼
finally:
    # 無論是否發生錯誤，最後都執行的程式碼（選用）
```

範例與解釋：捕捉多種錯誤

```
try:
    numerator = int(input("請輸入分子："))
    denominator = int(input("請輸入分母："))
    result = numerator / denominator
    print(f"結果是：{result}")
except ValueError:
    print("輸入無效，請輸入數字！")
except ZeroDivisionError:
    print("錯誤：分母不能為零！")
except Exception as e:
    print(f"發生未預期的錯誤：{e}")
```

執行結果：

1. 正常情況：

請輸入分子：10
請輸入分母：2
結果是：5.0

2. 輸入錯誤（文字代替數字）：

請輸入分子：abc
輸入無效，請輸入數字！

3. 分母為零：

> 請輸入分子：10
> 請輸入分母：0
> 錯誤：分母不能為零！

常見的 Python 例外類型

例外類型	描述
ValueError	資料型別不正確（例如將字串轉數字失敗）。
ZeroDivisionError	除以零的錯誤。
FileNotFoundError	檔案不存在。
TypeError	資料型別操作不合法（例如數字與字串相加）。
IndexError	列表或元組的索引超出範圍。
KeyError	嘗試存取不存在的字典鍵。
NameError	變數未定義。
AttributeError	呼叫不存在的屬性或方法。
IOError	輸入輸出相關的錯誤（例如檔案讀取錯誤）。

finally 區塊

finally 用於無論程式是否發生錯誤，都要執行的程式碼，例如釋放資源或關閉檔案。

```
try:
    file = open('example.txt ', ' r ')
    content = file.read()
    print(content)
except FileNotFoundError:
    print("檔案不存在！")
finally:
    print("執行 finally 區塊，確保資源釋放。")
    if 'file' in locals() and not file.closed:
        file.close()
```

例外處理的好處

1. 避免程式崩潰：能優雅地處理問題，保持程式穩定運行。

2. 清楚的錯誤訊息：可以精確告知使用者錯誤原因，並引導解決方法。

3. 釋放資源：確保無論成功或失敗，程式都能正常釋放資源（如關閉檔案或連線）。

希望這些解釋幫助你了解例外處理的概念及使用方式！如果有更多問題，歡迎隨時詢問～

讀完 ChatGPT 的解說後，眾人決定將例外處理加進先前的 OpenCV 顯示影像程式，以避免未來因檔案路徑讀取失敗，而導致輸出紅字的錯誤訊息。

張弓長隨即在對話框中輸入改寫程式碼的提示詞，同時貼上使用 OpenCV 開啟並顯示照片檔案的程式碼 ——

我是個程式初學者，這是在 Jupyter Notebook 上，用 OpenCV 套件開啟並顯示照片檔案的程式碼，請幫我將其改寫成包含例外處理的程式碼。

 以下是改寫後，包含例外處理的 Python 程式碼，適合在 Jupyter Notebook 中使用：

```python
import cv2

try:
    # 嘗試讀取影像檔案
    image = cv2.imread('photo.jpg')
```

```
    # 檢查影像是否成功載入
    if image is None:
        raise FileNotFoundError("無法讀取影像檔案,請檢查檔案
                                路徑或檔案名稱是否正確。")

    # 顯示影像
    cv2.imshow('Photo', image)

    # 等待按鍵,按下任意鍵關閉視窗
    cv2.waitKey(0)
    cv2.destroyAllWindows()

except FileNotFoundError as fnf_error:
    print(f"錯誤:{fnf_error}")
except Exception as e:
    print(f"發生未知錯誤:{e}")
```

改進說明:

1. 例外處理:

• 使用 try 和 except 捕捉可能的錯誤,例如檔案找不到(FileNotFound-Error)。

• 捕捉其他未知錯誤時會顯示詳細訊息,幫助調試。

2. 更友善的錯誤訊息:

• 如果影像檔案無法載入,會提示檢查檔案路徑或檔案名稱,方便初學者排查問題。

3. 保持穩定性:

• 程式即使遇到錯誤也不會崩潰,讓初學者可以更容易發現並解決問題。

　　確認程式可以順利執行,且能在無法讀取檔案路徑時提示錯誤,眼看他們即將完成小專案並重獲自由。

然而，就在此時，已經拍了好幾張照片的張弓長突然發現，每次拍攝的影像都被存成相同的檔名 photo.jpg。

「哇啊——我們前幾天拍的第一張合照被我的自拍照覆寫掉了啦！」他露出一副泫然欲泣的表情，忍不住哀嚎起來。

「看來，如果要拍攝多張照片，每拍一張就得手動修改程式碼中的檔名……好麻煩啊。」阿部皺著眉頭說道。

相較於兩人，郁安則冷靜地回應：「其實，只要把程式碼封裝成函式，然後將檔名設為參數，拍攝時再傳入不同的檔名就行了。」說完，她將先前拍照與顯示影像的程式碼貼給 ChatGPT，並輸入了「協助將程式碼封裝成函式」的提示詞——

> 我需要拍攝多張照片，因此希望能透過函式呼叫的方式執行程式。
>
> 請協助將上述「使用 OpenCV 拍照」與「包含例外處理的顯示影像」程式碼分別封裝成兩個函式。

他們仔細看了 ChatGPT 將原程式碼封裝成兩個函式的改寫版本，再與自己先前提供的原始程式碼進行比對，逐步找出改寫的細節。

郁安指出改寫的部分，解釋著：「首先，ChatGPT 為拍照程式碼新增了函式標頭與 docstring，還設計了兩個帶有預設值的傳入參數。最重要的是，它將原本寫死的 'photo.jpg' 改以參數 save_path 表示——」

```
def take_photo(camera_index=0, save_path='photo.jpg'):
    """
    啟動攝影機拍照並儲存照片。

    參數：
        camera_index (int)：攝影機索引（通常 0 為前鏡頭）。
        save_path (str)：照片儲存的檔案路徑。
    """
    cap = cv2.VideoCapture(camera_index)

    if not cap.isOpened():
        print("無法開啟攝影機")
        return
```

接著又說：「同時，它也將函式內部原本被寫死的內容改為參數 camera_index 或 save_path。也就是說，這些內容之後會根據我們呼叫函式時所傳入的參數值而定。」

```
        if key == ord('s'):  # 按 's' 拍照
            cv2.imwrite(save_path, frame)
            print(f"照片已儲存為 {save_path}")
```

阿部順著郁安的說明閱讀程式碼後，立刻理解了 ChatGPT 的修改重點。

他接著往下看第二個函式，融會貫通地說：「顯示影像的函式似乎也是這樣，讓我們將欲讀取的照片檔名作為參數傳入，程式就會顯示對應的照片 ——」

```
def read_photo(photo_path='photo.jpg'):
    """
    讀取並顯示照片檔案。

    參數：
        photo_path (str): 要讀取的照片路徑。
    """
    try:
        # 嘗試讀取影像檔案
        image = cv2.imread(photo_path)

        # 檢查影像是否成功載入
        if image is None:
            raise FileNotFoundError(f"無法讀取影像檔案
                {photo_path}，請檢查檔案路徑或名稱是否正確。")
```

他們將 ChatGPT 提供的程式碼貼入新建的檔案「opencv_camera_v2.ipynb」後，便繼續查看函式的呼叫說明：

 使用方式

拍攝多張照片

你可以使用 take_photo 函式多次呼叫，並指定不同的檔案名稱來拍攝多張照片。

```
# 拍攝第一張照片
take_photo(camera_index=0, save_path='photo1.jpg')
```

```
# 拍攝第二張照片
take_photo(camera_index=0, save_path='photo2.jpg')
```

讀取指定的照片

使用 read_photo 函式讀取拍攝的照片。

```
#  讀取第一張照片
read_photo(photo_path='photo1.jpg')
```

```
#  讀取第二張照片
read_photo(photo_path='photo2.jpg')
```

優化的功能

1. 多張照片支持：你可以在 save_path 中指定不同的檔案名稱來區分照片。

2. 參數靈活性：可更改攝影機索引或照片儲存的路徑。

3. 簡化調用：將拍照和讀取功能分開，方便在不同情境下使用。

　　阿部摸著下巴，若有所思。「也就是說，如果我們之後要拍新的照片，只需要在函式呼叫時更改小括號內的檔名參數值，而不用再進到函式內部修改程式碼？」

　　「沒錯，方便多了吧！不然程式碼那麼多行，每次都要改，眼睛早就花了；更何況，一旦改錯可是會造成更多麻煩的。」郁安笑著說。

　　隨後，他們開始執行函式呼叫，拍了好多張合照，有正經的，也有搞怪的。眾人玩得不亦樂乎。

　　玩累了之後，阿部送郁安回家，留下張弓長獨自坐在電腦前。他對著 ChatGPT 輕聲道：「感謝你今天的幫忙，今後也請多多指教。」說完，才將筆電闔上。

時光飛逝，在伊努不在地府的六天「自主」假期中，張弓長、阿部和郁安幾乎已將整個第 0 層地獄「走」遍。而接下來的三天，他們又買了撲克牌和羽球，在 404 小木屋裡熱鬧地玩了起來。

玩膩了，就打開筆電練習編寫程式；寫累了，再繼續玩。

就在三人開始覺得有些無聊之際，屋外傳來了敲門聲。

「阿長、阿部，你們在家嗎？」這熟悉的聲音讓三人眼睛一亮 ── 是伊努！

張弓長立刻從地板上彈起來，跑到門口，興奮地說：「歡迎回來，出差辛苦啦！」

他的熱情模樣引得伊努失笑，隨即看了看自己空著的雙手，道：「抱歉啊，可惜我是靈魂，到人間出差也沒辦法帶什麼土產回來分給各位吃。」

脫下鞋子進屋後，伊努瞥見屋內出現了一個預料之外的人，便悄聲對阿部說：「把女孩子帶來房裡，這樣對嗎？」

「我們在練習程式，而且已經完成了 OpenCV 的小專案；不只如此，程式碼還包含了例外處理。所以，該讓我們畢業了，老、師。」說到最後，阿部還故意加重語氣。

「對呀老師，你來幫我們檢查程式碼啦！」郁安湊上前，滿臉期待

地說。

「伊努，你來跟我們一起拍四人合照啦！快點！」張弓長則迫不及待地抓住伊努的手。

伊努一時呆住，沒料到剛回地府就被三人熱情包圍，只能哭笑不得地任由他們拉往鏡頭前。

張弓長迅速開啟 Jupyter Notebook，點開「opencv_camera_v2.ipynb」，一邊執行一邊提醒著：「要拍了，看鏡頭笑一個！」

拍完照後，職業病發作的伊努立即檢查他們的程式碼。翻了幾分鐘，再測試了下，最終才點頭讚許：「看來你們真的有下功夫。」

「其實都靠 ChatGPT 啦。」郁安不好意思地摸摸頭。

阿部連忙補充：「不過我們也確實理解了每段程式碼的邏輯。」

「我知道的啦，你們都是我認真的好學生。」伊努的語氣中透著幾分自豪。「看樣子，你們已經達到了初級 Python 的標準，可以拿到證書了。」

隨後，又接著說：「我今天來，是要找你們今晚一起去上次那間酒吧。閻王和小孟姐想找阿長聊聊留在地府的後續安排。」

「我？」張弓長驚訝地指著自己，確認道。

伊努則笑著對他點頭。

「伊努，你是從什麼時候開始叫他『阿長』啊？」阿部壞笑著報復剛才這樣虧自己的伊努。

「關你屁事。」

「只有你一個人這樣叫他，不覺得有些過分嗎？」阿部不死心地追問。

「走了啦，出發了。」伊努懶得理會，快步走出房門。

他只是想和張弓長的家人一樣，以「阿長」來稱呼他。

因為早在張弓長對自己說想留在地府的那天，他就已下定決心──『既然他選擇留下，我定會代替他在人間的家人好好照顧他。』

傍晚時分，四人一同前往上回那間隱密的酒吧，抵達時看見閻王和小孟姐已在店外生火烤肉。

「咦？沒有聽說今天是要烤肉呀！」伊努錯愕地看著爐火前的兩位地府大人物。

「這樣才叫驚喜吧！」不愧是鬼點子一堆的閻王。「歡送會就是要來點特別的，畢竟我們幾個也是一起喝過酒的關係嘛！」

「不。就只是閻自己想烤肉但揪不到人而已，你們就陪陪她吧。」

小孟姐在一旁毫不留情地揭穿真相。

閻王尷尬地哼了一聲，別過頭去，火光映得她臉頰微微泛紅。

眾人見她在小孟姐面前這副孩子氣的模樣，強忍著笑意，趕緊上前加入這場閻羅王的烤肉聚會。

「我們來幫忙吧。」郁安體貼地接過烤肉夾，試圖結束剛才的話題。另一方面，她也覺得自己臉皮沒厚到能讓閻王和小孟姐兩位大人為他們服務。

阿部見狀，也跟著拿起烤肉醬，熟練地刷了起來。

有了小孟姐、郁安和阿部顧著爐火，閻王起身走向不遠處的戶外圓桌，朝張弓長與伊努招手，「你們過來，我們談談正事。」

見兩人走來，閻王毫不掩飾，開門見山地問：「張張，聽說你想留在地府？」

「是的。」

「地府一待就是數十載，須待到你陽壽本該盡之時，你確定嗎？而且中途沒有反悔的機會，因為我會讓你在人間的肉體徹底斷氣 —— 再者，你也不想讓家人繼續為你支付住院費吧？」

雖然早有心理準備，但聽到這番話，張弓長仍微微緊張地吞了口口水。「沒問題，我明白的。我也不想再拖累家人。」

見他堅定地回答，閻王接著說：「不過，你的情況比較特殊，所以

我給了你選擇是否要喝特調精力湯的權利。」

「我不想喝，」張弓長幾乎沒怎麼猶豫地回道，「未來如果有錢，我還想偶爾與家人聯繫感情。而且……我也還沒向他們好好道別。」

「我瞭解了。」閻王也沒多說什麼，顯然這個回答早在她的預料之中。「那你在地府想做什麼工作？」

「其實，我想跟小孟姐學做甜點，也想當伊努的程式助理。除此之外，如果還有什麼需要我幫忙的，我也願意盡力去做。」張弓長語氣真誠，心中滿是感激。他一路走來受了太多恩惠，無論如何也想回報。

閻王笑了，對張弓長的回答似乎頗為滿意。「那我就直說了，我希望你可以成為『地府與人間溝通的橋樑』。這是一個前所未有的特殊身份，也是我此次去陽間與『陽冥科技互助會』交涉的重點之一。」

「陽冥科技互助會？」伊努皺眉，似乎對這個名字感到陌生。

「簡單來說，這是陽間協助我們地府科技發展的組織。作為交換，他們希望我們能協助陽間培育程式人才。」閻王解釋。

『原來如此，那麼從頭到尾「學完程式、領取證書就能重返人間」這個看似荒謬的任務設定也就說得通了。』張弓長一臉恍然大悟地想著。

「張弓長，這個職位每年至少有四次去陽間出差的機會，處理完兩界的協調事務，還能順道探望家人朋友。」閻王難得一本正經地利誘著，甚至還直呼他的全名。「我認為，你是最合適的人選。」

聽到這裡，張弓長確實心動了。但他明白，這種攸關地府科技發展的任務絕非兒戲，因此也難得謹慎地回應：「謝謝閻王姐姐，請給我一點時間，我會好好考慮的。」

說完，他偷瞄了伊努一眼，想看他此刻的表情 —— 他對於這件事的看法如何？他覺得自己……有辦法勝任嗎？

「好啦，正事談完了，可以放鬆下來了。」閻王又回到平常那副隨性的模樣，領著張弓長和伊努回到香味四溢的烤肉區，「多吃點多吃點！」

『真不可思議，居然能有機會和地府的大人物們這樣相處，我上輩子究竟是燒了什麼香啊？』張弓長一邊坐下，一邊在心中感慨著。

正夾著烤盤上脆皮燒肉的伊努，突然想起另一件正事，轉頭說道：「對了閻王，張弓長、阿部和郁安已經可以領取初級 Python 證書了。」

閻王正準備搶走小孟盤中的燒肉，聞言抬起頭望向眾人，饒有興趣地問：「喔？你們這段時間學會了什麼？」

阿部立即翻出隨身包裡的 Python 筆記，「我們學了輸入輸出、變數、資料型別、條件判斷、迴圈……」

郁安用手指比著數，接著說：「還有函式、檔案讀寫、例外處理、以及套件的使用。」

閻王滿意地頷首道：「那我明天一早就幫你們登記。阿部、郁安，等你們回到人間後，七日內記得上『陽冥科技互助會』的網站，以真

實資料註冊帳號，就能申請初級 Python 實體證書。

「按照規定，登記完成的下一個子時就會安排你們返回人間。因此，伊努明晚會帶著你們離開。」

「這麼快？」阿部和郁安面面相覷，有些措手不及。

「是啊，一直以來都是如此。」小孟姐溫柔地看著略顯不捨的眾人，問道：「張張，明晚也想一起送他們一程嗎？」

「當然要！」張弓長幾乎脫口而出，好友即將離別，哪有不送別的道理？

小孟姐微微一笑，朝閻王提醒：「閻，明天別忘了準備兩張渡船的船票，還有兩份『R』層通行許可證。」

「好咧。」簡單應了話，閻王隨即高舉著一盤小孟姐手打的漢堡肉排，大聲喊道：「總之，既然明晚就要分開，今晚就盡情享受吧！」

隨後將那盤肉排塞到伊努手中，「你來烤。」

濃郁的烤肉香氣伴隨著笑聲，在深夜的酒吧外瀰漫開來。突然得知明天就要分別的眾人，更加珍惜這僅存的時光。

此刻，每個人都心知肚明——這將是他們在地府最後一次共享如此溫暖的夜晚。

張弓長的碎碎念

最終，還是會迎來分離的那天。就像畢業一樣，令人感到不捨。

做出留在地府的這個決定，說不難過是騙人的。其實我的內心也很掙扎。畢竟，這代表我將失去在人間的家人和女友，還有以往求學時期一直保持聯絡的好友，以及在地府結識的阿部和郁安。一想到這裡，就覺得難以割捨。

不過阿部說得對，人生是自己的，選擇讓自己過得比較快樂的那條路，才是最重要的。

試想一下，手腳都斷了，很多事根本做不了，還得靠別人照顧。連目前僅能做的補習班老師的工作也無法勝任，更別提我最期待的騎車旅行了。

現在的我還有選擇的權利。既然如此，我不想成為別人的負擔，更希望自己四肢健全，能夠自食其力，好好生活下去。

命運實在捉弄人。從第一天滿懷期待地想著帶點新技能回到人間，與家人和戀人分享在地府的點滴，到現在，這些願望都沒辦法實現了。

今天伊努告訴我，他去人間時順道看看我的家人和女友，甚至還去醫院見了躺在病床上的我。這讓我有些意外，沒想到他會做這種事。

他說，他闖進了我家門，跟著老爸老媽一起坐在沙發上看電視。他們看起來精神還不錯，時不時提起我，說不知道我現在過得怎麼樣，也說其實只希望我能健康快樂地生活就好。

然後，他跟著老爸到庭院陪小黑玩。對，就是我們家的那隻土狗。他說小黑一直對著他吠，最後被老爸 K 了一下——誰叫老爸看不見伊努，真是笑死我了。

最後，他搭著老爸老媽的車，一起去醫院探望我。他說，就是在那裡見到了小璐。

他跟著他們進了病房，看到我的右手、右腳真的斷了，且四肢還有多處包裹著紗布。

聽小璐對兩老說，我依然昏迷不醒，而那些車禍造成的骨折和外傷也尚未痊癒。就算醒來，也需要裝上義肢，復健至少一年才能正常行走。

接著，兩老向小璐道謝，感謝她一直陪伴在我身邊，也對她說：「妳該放下我們家阿長了，去找個更好的人嫁了吧。」

「你們怎麼每天都這樣說啦！」伊努模仿著小璐的語氣，還說她講這句話時，臉上帶著苦澀的笑容。

聽到這裡，我心裡的掙扎終於有了答案——我不能再繼續拖累我愛的人。我希望兩老可以帶著小黑自由地四處露營旅行；也希望雖然有時脾氣不好，卻一直給我力量的小璐，能找到屬於她的幸福。

最後，我也想許個願，希望做出這個決定的自己，能夠對自己的未來有所期待。

地府村民交流魍 > 程設板

分類　Python
作者　inuqq
標題　[教學] Python 與 Jupyter Notebook 的安裝

在 Colab 筆記本編寫 Python 程式的最大優點是無需下載和安裝 Python 環境，即開即用，非常方便。然而，Colab 是雲端執行環境，無法直接存取本地硬體設備（如筆電的前鏡頭）。

針對這類需求，還是會建議大家在筆電上安裝 Python 和 Jupyter Notebook，即可解決這些限制。因此，本篇文章將會詳細說明 Python 與 Jupyter Notebook 的安裝步驟，讓你快速建立本地開發環境。

那就，開始吧 :)

安裝 Python

Step 1 下載安裝檔

前往 Python 官方網站（https://www.python.org/），下載 Python 3.9 以上版本的安裝檔。

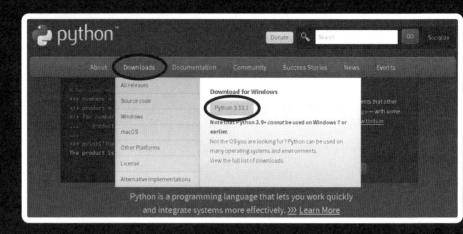

Step 2 執行安裝程式

在如下圖的安裝頁面勾選「Add python.exe to PATH」將 Python 加入系統路徑，然後點擊「Install Now」開始安裝。等待安裝完成後，再點擊「Close」。

Step **3** 驗證安裝是否成功

Windows 系統的使用者，可點擊工作列的放大鏡來搜尋並開啟「命令提示字元」，即可輸入以下指令，檢查已安裝的 Python 版本：

```
python --version
```

輸入指令「python --version」

如果顯示如上圖版本號，例如 Python 3.13.1，即表示安裝成功。

備註

Mac 或 Linux 的使用者則可開啟終端機，同樣輸入指令「python --version」
或「python3 --version」來驗證是否成功安裝。

安裝 Jupyter Notebook

Step **1** 安裝 Jupyter Notebook

打開命令提示字元（Windows）或終端機（macOS / Linux），輸入
以下指令：

```
pip install notebook
```

```
命令提示字元
Microsoft Windows [版本 10.0.19045.5247]
(c) Microsoft Corporation. 著作權所有，並保留一切權利。

C:\Users\Admin>pip install notebook
```

Step **2** 啟動 Jupyter Notebook

待安裝完畢，輸入以下指令即可啟動 Jupyter Notebook：

```
jupyter notebook
```

```
命令提示字元
Microsoft Windows [版本 10.0.19045.5247]
(c) Microsoft Corporation. 著作權所有，並保留一切權利。

C:\Users\Admin>jupyter notebook
```

這將會自動在瀏覽器中打開 Jupyter Notebook 的介面。

> **備註**
>
> 在使用 Jupyter Notebook 時，請不要關閉終端機喔！

(Step **3**) 測試 Python 程式能否執行

首先，點擊 Jupyter Notebook 首頁右上角的「New」，然後選擇
「Python 3 (ipykernel)」，以建立一個副檔名為 .ipynb 的 Notebook。

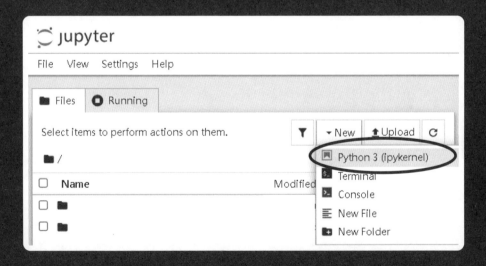

接著，在編輯單元（cell）中輸入以下程式碼，再按下 Shift + Enter
鍵執行：

```
print("Hello Hell!")
```

```
Jupyter  Untitled  Last Checkpoint: 1 minute ago

File   Edit   View   Run   Kernel   Settings   Help                          Trusted

[1]:  print("Hello Hell!")

      Hello Hell!

[ ]:
```

程式輸出結果就會如同 Colab，顯示在 cell 的下方。

以上，祝大家操作順利 :)

推 yamaraja666：Jupyter Notebook 和 Colab 都是以 Notebook 形式呈現的互動式 Python 程式編輯環境，操作簡單、功能直觀，對程式新手來說非常友善！

推 abe_kei：簽。看完文章順利安裝。

推 changchang：用過的都說讚！

什麼啦 www

套件是 Python 的一大特色，許多功能皆已被開發者編寫並封裝在其中。只需安裝套件並透過 import 將其引入，就可使用其中定義的函式與功能。

1. 安裝套件

用 pip 指令即可安裝套件（在 Notebook 中則需使用「!pip」）。例如在 Jupyter Notebook 安裝 OpenCV 套件：

```
!pip install opencv-python
```

注意事項：

- 需確保電腦有安裝 Python。

- 若遇到套件安裝失敗，可以嘗試重新執行指令，或檢查網路連線是否穩定。

2. 引入套件

安裝完成後，使用 import 關鍵字引入套件，並可透過「.__version__」來檢查套件版本：

```
import cv2
print(cv2.__version__)
```

> 4.10.0

3. 套件的基本操作

這裡以廣為人知的影像處理工具 OpenCV 為例，操作其顯示圖片的基本功能：

```
import cv2

# 讀取圖片
image = cv2.imread('python.png')

# 顯示圖片
cv2.imshow('Python', image)

# 等待使用者關閉視窗
cv2.waitKey(0)
cv2.destroyAllWindows()
```

補充說明：

- cv2.imread() 是讀取圖片檔案的函式，參數是圖片檔名或路徑。
- cv2.imshow() 函式則用來顯示圖片，第一個參數是視窗名稱，第二個參數是圖片資料。
- cv2.waitKey(0) 會讓程式暫停，等待按鍵輸入再繼續執行。
- 如果圖片路徑錯誤，OpenCV 可能會讀取失敗，故需確認檔案是否存在。

模組與套件的差異比較

模組（Module）

模組是單一的 Python 檔案（通常以 .py 為副檔名），用於封裝一組相關的函式、類別或變數，以提供具體的功能。

套件（Package）

套件是包含多個模組的集合，結構化地組織在一個目錄中，用於提供更全面、更複雜的功能。此外，套件目錄中通常包含了一個 __init__.py 檔案。

例外處理 try-except-finally 結構

程式執行中可能會遇到錯誤，像是檔案讀取失敗等問題。而例外處理可以讓程式即使出錯也不至於崩潰，還能提示問題原因。

範例程式：

```python
try:  # 嘗試開啟一個不存在的檔案
    file = open('not_exist_file.txt', 'r')
    content = file.read()
    print(content)

except FileNotFoundError:  # 捕捉檔案不存在錯誤
    print("檔案不存在，請檢查路徑！")

finally:  # 無論是否有錯誤，皆執行以下內容
    try:
        file.close()  # 確保檔案被關閉
        print("檔案已關閉。")
    except NameError:
        print("檔案未開啟，無需關閉。")
```

> 檔案不存在，請檢查路徑！
> 檔案未開啟，無需關閉。

補充說明：

- try 是要嘗試執行的程式碼。

- except 是用來處理錯誤的區塊，可以針對不同的錯誤類型編寫對應的處理方式（例如上面的 FileNotFoundError）。

- finally（選用）是無論是否發生錯誤，都會執行的區塊。

- 如果只需清理資源，不在乎是否捕捉錯誤，則可省略 except，只使用 try-finally 結構。

最後，

因為我現在還很菜，如果有寫錯的或是任何想補充的，可以直接在下面留言。

以上，謝謝大家 XD

推 inuqq：我那是出差，不是放假。不過你很乖，有好好學習程式。

推 abe_kei：我明明也有啊！

推 yu_an：我也是！！！

終章

　　昨晚，在閻王與小孟姐主辦的歡送會上，眾人鬧到深夜才回到小木屋，累得倒頭就睡，直到中午才迷迷糊糊醒來。

　　猶帶著些許睡意的伊努先去敲了敲郁安的房門，要她整理宿舍，收拾好這段日子在地府購買的物品，然後再到 404 小木屋集合——他將於晚上十點帶眾人前往冥界渡口。

　　接著，伊努來到 404 號房，輕敲房門後，說要進屋幫忙收拾。同時，也示意張弓長將自己的行李打包，準備搬到伊努隔壁的 088 小木屋居住。

　　「咦？我不能繼續住這裡嗎？」張弓長有些意外地問。

　　「這裡是給暫居地府的人住的臨時宿舍。既然你要長期留下，就得搬到我們的『地府豪華單人小木屋』。」伊努邊整理邊說，「而且你來當我鄰居，我也比較容易找到你。」

　　「也好，豪華單人小木屋聽起來滿讚的！」一想到可以住進像伊努那樣舒適的小木屋，張弓長也沒怎麼猶豫便欣然接受。

　　說是「收拾行李」，其實也沒多少物品，畢竟他們來地府還不到一個月，根本沒買什麼。至於個人盥洗用品、寢具、文具等，都是由地府提供，等搬走後會有專人前來處理。

　　也因此，張弓長翻箱倒櫃才找到幾件衣服、書本，和一點零星小物。

阿部則看著從櫃子拿出，在地上擺放整齊的物品，問道：「我買的這些零食和日用品，在我離開後會怎麼處理啊？」

　　「通常會在離開前就送給熟識的地府工程師或朋友。」伊努意有所指地回道。

　　「那剩餘的冥幣呢？」

　　「到渡口時，渡魂人會讓你們選擇要將冥幣捐給國庫，或者指定給某人繼承。」

　　聞言，阿部轉頭看向張弓長，戲謔地問：「你比較窮，都給你好不好？」

　　張弓長翻了個白眼，但不願跟錢過意不去的他，還是老老實實地道了謝。

　　這時，屋外傳來郁安的叫喊聲：「伊努伊努，你在嗎？我收拾好囉！」

　　「還是這麼有朝氣。」伊努不禁笑出聲，隨即上前應門。

　　「還是這麼可愛。」阿部反射性地附和著。

　　早已習慣這番言論的張弓長，選擇無視他，裝作沒聽到。

　　只見郁安將低匯貴披在脖子上，兩手空空地走了進來。

　　「這隻低匯貴和我剩下的冥幣該怎麼辦啊？可以送給身邊的人嗎？」一坐下，她就問了阿部才剛提過的問題。

阿部搶在伊努回答之前，重複了自己三分鐘前得知的資訊：「寵物可以送給認識的人，冥幣則是在渡口時，選擇要捐給國庫或自己指定的人。」

聞言，郁安也轉頭看向張弓長，「那都給你好不好？我想……你大概會需要這筆錢。」隨後又慌慌張張地解釋：「你看嘛，我借了你的電話卡打過電話，也因為遇到你們我才有機會回去，而且我覺得你一定是個會用心照顧低匯貴的好主人。」

伊努見狀在一旁偷笑——不愧是做人成功的張弓長，大家都想把錢捐給他。

很快地，眾人整理完宿舍，也處理好「遺產分配」問題。眼看時間還早，便拿出了前幾天買的撲克牌，開始玩起「吹牛」。

與此同時，伊努問了兩人回到人間後的打算——一方面是為了擾亂眾人打牌的思緒，另一方面他自己也對此感到好奇。

「我應該只是回歸正常生活吧——回到原本的公司上班，下班後去舞團練舞，沒什麼特別的。」話說到這，郁安突然一臉幸福地傻笑了起來，「噢對，還有，我男友說等我回到人間，就要跟我結婚。」

「欸？！恭喜妳！」眾人猛地看向她，震驚之餘紛紛送上真摯的祝福。

「嘿嘿。」沐浴在甜蜜氛圍的郁安笑得燦爛。「那阿部呢？回去之後想做什麼？」

「我會好好學習程式，然後再到台灣工作。我想體驗不同的職場環境，也想看能不能遇到像妳一樣活潑有朝氣的女孩。」說到最後，阿部對著郁安莞爾一笑。

「欸？」聽到阿部語出驚人，郁安瞪大雙眼，腦中不停思索這話的含意。「這也是……吹牛嗎？」

「這不是吹牛。反正都要離開了，這也沒什麼，妳不用太在意。」阿部伸出手，對郁安微笑說道：「我只是覺得妳很好。祝妳回到人間之後，一切順利。」

聞言，郁安有些激動地回握住阿部的手，「謝謝你，這段日子總是受到你的照顧。我也真心祝福你，工作和戀情都順利。」

張弓長和伊努則一邊嗑著幾天前剩下的瓜子，一邊看著這突如其來的告白場面，心中不約而同地感慨：『對阿部和郁安來說，這也是個美好的結局吧……』

最終，還是迎來了離別的時刻。

眾人戀戀不捨地向居住兩週的 404 小木屋道別。隨後，伊努帶著張弓長、阿部和郁安三人，一同出發前往初來地府時搭乘的那部電梯。

這趟路途，對即將返回人間的阿部和郁安而言，也是在地府的最後一程。

一路上，他們小心翼翼地踏出每一步，彷彿想在這最後的時刻，把地府的一草一木、每一絲清新的空氣、每一陣微涼的夏夜晚風，都銘刻於心。

離開熱鬧的宿舍區後，走在靜謐的林間小路上，幾人不約而同地放慢腳步，感受這片與人間相似卻又截然不同的點點星空。

阿部踢著路上的小石子，忽然說道：「張張、伊努，明年鬼門開的時候，你們能不能來陽間看看我？最好製造點靈異現象，好讓我知道是你們。」

他們倆被這莫名其妙的要求逗笑了，「你不害怕嗎？」

「如果是你們的話，我應該會感到很安心吧？」

「不好說喔。」眾人笑道。

接下來整路上，他們熱烈討論著明年鬼門開時，要以什麼「暗號」向阿部打招呼 —— 是用最經典的燈光忽明忽暗，還是驚悚些的高處物品突然掉落。

談笑間，他們已來到了電梯前。伊努停下，將「R 層通行證」與「渡船船票」分發給三人，並交代等會踏入電梯前，記得先刷卡才能進入。

語畢，他示範性地將卡片靠近感應區，待電梯門開啟後踏了進去，同時按下樓層「R」的按鈕。隨後，三人照著他的動作，有條不紊地跟著進入。

電梯行進間，伊努隨口提醒張弓長：「阿長，記住，身為亡靈的你平時不能離開第 0 層地獄。如果要去『R』層或陽間，必須先得到閻王的許可。」

聽完這番話，張弓長忽然回憶起初到地府的情景，好奇地問：「那為什麼當初熙笤可以搭電梯到洞穴接我？」

「它們是地府的原生生物，不受這些限制，可以自由在地府中行動。」伊努解釋。

電梯門再度開啟，映入眼簾的是那個熟悉的黑暗洞穴 —— 伊努隨即喚出熙笤。

然而，一反平時的明亮，今日的熙笤看起來比以往黯淡許多，身上的藍光更接近靛色一些。

「是我的錯覺嗎？熙笤看起來比平時暗了些。」回想起第一天那刺眼的藍光，張弓長忍不住詢問。

「它與我們一樣，也捨不得你們離開。」伊努淺笑。

阿部順勢問道：「原來你也會捨不得啊？」

「廢話。但我更希望你們能回到陽間」被揭穿心思的伊努，有些不自在地別開視線。

話題停在這，他們四人沉默了好一陣子。終於，張弓長受不了這令人感到難熬的氛圍，開口道：「伊努，等等要怎麼去渡口？」

「還記得面向洞口時，左右兩邊各有一條通道嗎？」見眾人點頭，伊努接著說：「沿著左邊那條一直走，再過個橋，就能抵達冥界渡口。」

郁安好奇地追問：「那右邊那條路會通到哪裡？」

「過了你奈我何橋準備投胎轉世時，如果被閻羅王判決下地獄，就會被銬著手銬、腳鐐，帶著走過另一座橋，抵達右邊那條路的底端。」

「你也走過那條路嗎？」郁安低聲問道。

伊努點了點頭。

聊著聊著，不知不覺間，四人已抵達洞口。看著眼前熟悉的場景，阿部和郁安強烈地意識到——自己真的要離開地府了。

而此處也正是張弓長初來地府時，曾目睹有人從橋上躍下的地點。此刻的他，想將當時的疑惑全部解開。「伊努，前面那座你奈我何橋下的深谷有著什麼？」

伊努領著三人走向左邊的通道，回道：「如果有靈魂帶著強烈執念，不願放下塵世記憶，拒絕喝小孟姐的特調精力湯，那麼他們就得跳入忘川河，等上千年才能投胎。

「在這千年之中，他或許會看到橋上走過今生最愛的人，但可惜的是，對方無法看見他。如果千年後，他仍記得生前的一切，就能重入人間，找尋前世的摯愛。」

「這種感情，好沉重。」阿部有感而發。

「所以，對於世間的種種，能夠放下才是好事。」說完，伊努朝他們三人望去，「在認識你們之前，我一直都這麼認為。不過，這也許是因為我喝了特調精力湯，把一切都忘了，才能如此釋然。

「但聽了你們的故事之後，我才明白，如果這一切發生在我自己身上，放下又談何容易呢？」

阿部沉思片刻，說道：「可是，人生本來就有悲歡離合。每段經歷都是成長的養分，只要這麼想，就能比較釋懷吧。」隨後又補了句：「起碼我一直都是這麼過來的。」

他們就這樣循著左邊的通道走了好一段，隨著前行，空氣愈發陰涼。

「好像看到橋了……」郁安沉著臉指向前方不遠處。

一看到通往渡口的那座橋，眾人心中更確切地感受到──分別的時候到了……

「過了這橋，你們會看到渡魂人。把船票交給他，他會讓你們填寫一些資料，然後帶你們上船。接下來，將由靈界船夫載著你們回到陽間。」伊努低聲說道，「而我們……只能在橋的這頭，目送你們離開。」

「我突然好不想離開......」郁安一臉泫然欲泣的模樣，「搭上那艘船後，我就再也見不到你們了！」

伊努從口袋拿出手機，看了眼螢幕顯示的時間，說道：「但，你們返家的時辰已經到了，是該離開了。況且，還有人在等著妳呢。」

郁安聞言，終於抑制不住情緒，鼻頭一酸，眼淚瞬間奪眶而出。她抽噎著說：「嗚……好啦……謝謝你們……讓我得以回家……」

接著，她緩緩摘下纏在脖子上的小蛇，捧在手中，滿眼不捨地遞給張弓長。「再見了，低匯貴。乖乖陪著弓長叔叔，好嗎？」

郁安的淚水感染了張弓長，他紅著眼眶，緊抱著手中的球蟒。「放心，我一定會好好照顧牠……」

看著這一幕，阿部的心裡湧上陣陣酸楚，但還是勉強擠出笑容。「我也想感謝你們，陪我度過這如夢一般的日子，為我的人生帶來不一樣的感觸和體悟，也找回了年輕時的衝勁和勇氣，真的謝了。」

說到這裡，他的眼角逐漸濕潤，卻仍強忍著不讓眼淚滑落。他轉頭看向伊努，真誠地說：「也謝謝你，我的老師。祝你早日投胎轉世。」

「氣氛都沒了啦！」

眾人破涕而笑，相擁道別。

「回家吧。」張弓長對著阿部和郁安輕聲說道。

兩人點了頭，緊握著手中的船票，踩著沉重的步伐，緩緩走上橋。

張弓長和伊努則停在橋的這頭，望著他們逐漸遠去的身影，靜靜地目送著他們離開。

回到第 0 層地獄的幾天裡，兩人與夥伴永別的空虛感揮之不去。

在這段期間，伊努協助張弓長搬到他隔壁的小木屋。所幸張弓長的行李不多，對於只能徒步搬家的情況，這算是不幸中的大幸。

安頓好新住處，心情也稍稍平復後，張弓長終於下定決心，拉著伊努再度前往電話亭。

儘管現在正值鬼門開，地府四處充斥著長假的慵懶氛圍，但位於森林另一邊的控制室卻非如此。

一如既往地，他們遇到了那位總在加班趕專案的工程師 —— 也是每次都會嘲諷伊努「很閒」的那一位。

不過這次，他們早有準備。在對方開口之前，迅速將一大袋綠色包裝的「乖乖」塞進他懷裡，笑著說：「加班辛苦了，祝專案執行順利。我們要借電話亭，先走一步！」說完，兩人一溜煙地跑上二樓。

由於這是第二次造訪電話亭，他們對路徑已相當熟悉，爬上頂樓的速度快了不少，連機台的操作也上手了許多。

但在等待電話撥通的那份忐忑心情依舊無法避免。

『喂？』終於，電話接通了。電話那頭仍傳來張媽媽的聲音。

相較於上次的緊張和激動，這回張弓長顯得平靜許多。「媽，我阿長啦！」

　　『哎唷！這麼快就打回來啦！』張媽媽語氣中透著濃濃的喜悅。

　　「這次不會再說是詐騙電話了嗎？」他輕笑著問。

　　『不會了啦！上次你說會再打電話回來，媽媽就一直在等你的消息。』得以連繫上兒子的張媽媽忍不住接連發問：『阿你在那邊過得好嗎？程式學完了沒？你的老師是誰？該不會是閻羅王吧？』

　　「媽，一次問太多問題了啦！」張弓長失笑。「我過得還不錯，程式也學到一個段落，已經領到證書了。還有，我的老師不是閻王姐姐，而是地府的工程師，他現在就在我的旁邊。」

　　說到這裡，張弓長隨即想起：「對了，媽，跟妳說，他前幾天有晃去家裡看過你們喔，說你們精神都很好！」

　　『難道是小黑一直對著空氣吠的那天？』電話那頭再度傳來張爸爸的聲音，顯然他又著急著想叫醒忽然昏睡的張媽媽了。

　　「對，就是那天。他說害小黑被老爸 K，他很抱歉。」張弓長笑道。「噢，還有，他後來還跟著你們去醫院探望我，說我的傷勢真的很嚴重。」

　　『對啊，真不知道你回來以後，要怎麼用那副身軀完成騎重機環遊世界的夢想……』說到這裡，張爸爸惋惜地嘆了口氣。

張弓長聞言，心裡掙扎了一會兒，才緩緩地開口：「爸、媽，我其實有件事想認真地跟你們說。」

他深吸了一口氣，用盡所有的勇氣，說道：「我打算繼續留在這裡，不會回人間了。」

這句話對他來說，實在難以啟齒。況且，在電話的這頭，他無法看見父母的表情，使得每分每秒都倍感煎熬。

良久，他才聽到電話另一端傳來細微的啜泣聲。父母努力壓抑情緒的模樣，讓他心如刀割。

他頓時什麼話也說不出口。道歉也不是，安慰也不適合，解釋理由又好像有些多餘。

『阿長，我們都明白你的想法。』張媽媽終於開口，聲音仍微微顫抖。『其實，看到你的傷勢，我和你爸也不希望你回來受苦，所以當初才選擇告訴你實情。』

她稍微停頓了下，接著說：『……關於你不回來的這件事，其實我們早已做好心理準備，小璐也是，小黑也是。』

『阿長，不管你在哪裡，我們只希望你能過得快樂自在。你就放心在那邊過你想要的生活吧，過個幾十年，我們再去那裡找你。』感人的話說到一半，張爸爸突然開了個玩笑。

「老爸，不要胡說！你們可不是要下地獄的人！」張弓長聞言，慌張了一下。

『阿不然明年鬼門開，記得跟著你那個工程師朋友一起回來看看我們嘿。』張爸爸話鋒一轉，突然又認真地說出一句溫暖的話：『小黑認得出你，牠會讓我們知道我們家阿長回來了。』

「爸……」

『阿長，你在那邊錢夠不夠用？要不要我們多燒一點給你？』張媽媽關切地問。

『是要先在冥紙貼上姓名貼紙再燒掉，地府才知道哪幾張是燒給你的嗎？』張爸爸也開始跟著苦思對策。

『不是吧？燒掉就看不到姓名貼了啊！』

『啊冥紙也是要燒掉才能給他們用啊！』

兩老你一言我一語地爭論著，完全不給張弓長插話的餘地。

但此刻的他也沒有說話的餘力，已經在電話亭內緊握著話筒，情緒錯亂，既哭又笑。

模糊的視線望著螢幕上無情倒數的時間，張弓長胡亂地擦去淚水，說出上次沒來得及說完的話：「爸、媽，我真的好愛你們，也很慶幸自己是你們的兒子……但，很抱歉這輩子無法好好孝順你們。

「希望你們可以過得健康又快樂，還有，趕快去實現你們露營環島的夢想！不要像我一樣，留有遺憾。」

『沒問題！我們答應你，明天就出發！』張爸爸忽然精神抖擻地高聲宣佈。

「等明年鬼門開放長假，我再去人間陪你們露營！」

『男子漢要說話算話，老爸等你！啊記得帶你那個工程師朋友一起來嘿！』

「好啦！」眼看通話時間所剩無幾，張弓長匆匆道別：「爸、媽，我該掛電話了，等我有錢再打給你們。再見——」

秒數歸零之前，他聽到電話那頭隱隱約約傳來一句『你看，我就說他需要錢——』

這次，張弓長是內心平靜、帶著微笑掛上電話的。

「怎麼突然笑得這麼開心？一開始不是還在偷哭嗎？」伊努好奇地問，對他的情緒轉折感到不解。

「沒辦法，我爸媽太會搞笑，感傷的情緒全沒了。」張弓長無奈地笑了，向伊努分享著電話裡與張爸爸的「男人約定」。

走出電話亭，他伸了伸懶腰，從頂樓望向不遠處的湖泊。

湖面倒映著澄藍的天空，那一刻，他突然釋懷了。

回想起這兩週的種種經歷，他不禁感慨萬千，沒想到這些事情竟改變了他的一生。

『雖然，再也不見，是如此令人痛心的事。』

『但是，日子還是得照樣過著，是吧？』

人物介紹

某個風和日麗早晨的
快問快答

被車撞昏的無業遊民

❖ 你的名字和綽號？

張弓長。我的家人都叫我阿長，但來到地府後被取作張張或呱張，滿爛的綽號。

❖ 你的年齡？

剛當完兵回來的 23 歲，話說我好像是年紀最小的。

❖ 你的身高？請不要謊報。

噴，169.5 公分……

（閻王拍桌大笑：「張張，我比你高耶！」）

❖ 你的家鄉？

台南永康。

❖ 畢業科系與工作？

外文系。工作……標題都寫說我是無業遊民了，還問！我原本是在準備面試家鄉補習班的英語老師啦！

❖ 你的星座與十六型人格？

啊？要問這麼細喔？7 月的巨蟹座，沒錯就是剛過完生日沒幾天就下地獄了。ENFJ。

❖ **你的興趣？**

騎機車到處旅行。夢想買一台重機，還有騎遍世界。

❖ **簡單總結你的個性和缺點。**

活力充沛、內心情感也算豐富。缺點的話……
遇到困難第一時間會有點想放棄。

❖ **全身上下最讓你驕傲的地方？**

我的腹肌！

❖ **愛吃的食物？**

任何甜食，但最愛吃焦糖布丁！

❖ **感情狀況？**

在人間有個從高中交往至今的
女友，個性有點火爆，對我很
任性，但是很可愛，嘿嘿。

❖ **昏迷原因？**

前往面試的途中，被紅燈左轉、
逆向騎上人行道又煞車失靈的阿桑
撞昏。

❖ **快問快答結束，還有什麼想說的嗎？**

可以改一下標題嗎？不然聽起來
很廢……

累得像條狗的地府工程師

❖ **你的名字和綽號？**

本名忘了，綽號伊努。對，就是日文的「狗」。

❖ **你的年齡？**

我也不知道，但目測自己應該跟郁安差不多老。

（郁安鬼臉：「你才老！」）

❖ **你的身高？請不要謊報。**

176 公分。

❖ **你的家鄉？**

據說是台灣。

❖ **畢業科系與工作？**

據僅存的專業知識，推測是電機系畢業的工程師。

❖ **你的星座與十六型人格？**

生日我不知道，忌日我倒是知道。十六型人格剛剛測了，
INTJ。

（閻王翻開生死簿：「噢，你是 1 月的魔羯座。」）

❖ **你的興趣？**

泡茶，還有各式球類運動。

❖ **簡單總結你的個性和缺點。**

冷靜、負責。對不熟的人很冷淡，表情看起來很兇。

❖ **全身上下最讓你驕傲的地方？**

我留了好久的小馬尾。

❖ **愛吃的食物？**

湯麵都喜歡，但最愛吃鹽味拉麵。

❖ **感情狀況？**

保密……（其實有了有點在意的人。）

❖ **死亡原因？**

……我也很想知道。

❖ **快問快答結束，還有什麼想說的嗎？**

……沒吧？對你沒什麼好說的。

404 小木屋的社畜大叔

❖ **你的名字和綽號？**

敝姓阿部，名邢。

❖ **你的年齡？**

離不惑之年越來越近的 37 歲。

❖ **你的身高？請不要謊報。**

181 公分，但其實我不知道自己為什麼可以長得這麼高。

（一旁的張弓長氣得牙癢癢！）

❖ **你的家鄉？**

日本東京。

❖ **畢業科系與工作？**

會計系畢業後，成為一名被社會壓榨的會計師……

❖ **你的星座與十六型人格？**

9 月的處女座。ISTJ。

❖ **你的興趣？**

……可以說是睡覺嗎？噢不對，我滿喜歡看漫畫的，少年漫那種。

❖ **簡單總結你的個性和缺點。**

我嗎？悶騷慢熱又厭世的社畜，工作時常常被自己的龜毛、完美主義和強迫症給氣死。

❖ **全身上下最讓你驕傲的地方？**

身高吧？我也沒別的優點了。

❖ **愛吃的食物？**

來台灣讀大學時愛上了台灣的芒果，從此對它念念不忘。

❖ **感情狀況？**

單身 6 年了吧？感情這種事就是隨緣啦，我也做好孤老終生的準備了。

❖ **昏迷原因？**

趕工期三天三夜沒睡覺就昏倒了。

❖ **快問快答結束，還有什麼想說的嗎？**

我認為地府的冥紙換算公式設計不良，會導致貧富差距過大。

在地府努力打拼兩個月的堅強女孩

❖ **你的名字和綽號？**

龔郁安。你們應該是今天才知道我的全名吧？

❖ **你的年齡？**

即將奔三的 29 歲嗚嗚嗚嗚～

❖ **你的身高？請不要謊報。**

163 公分。

❖ **你的家鄉？**

台北大安。

❖ **畢業科系與工作？**

國企系畢業。我的第二份工作是在台北的
某公司做活動策劃師。

❖ **你的星座與十六型人格？**

8 月的獅子座。ENFP。

❖ **你的興趣？**

我很喜歡跳街舞，主要是跳 Hip-Hop，
也有參加舞團！

❖ **簡單總結你的個性和缺點。**

個性嗎……率性、活潑、開朗吧？缺點的話……其實我有點強勢，嘿嘿。

❖ **全身上下最讓你驕傲的地方？**

我的髮質！我每天都認真洗頭、做好護髮，我還滿顧頭髮的。

❖ **愛吃的食物？**

邊吃披薩、邊喝啤酒哇哈哈哈！我跟男友每個週末都會一起宅在家裡喝啤酒配電影！

❖ **感情狀況？**

我在人間有個論及婚嫁的男友，他是我在台北的工作同事。回到人間後，我一定要強迫他好好地向我求婚。

❖ **昏迷原因？**

練舞時有個從另一個人肩膀上前空翻跳下的動作，結果我沒站穩，摔了一跤，撞昏了頭。

❖ **快問快答結束，還有什麼想說的嗎？**

地府的美食比我想像的還要多，真心覺得薪水根本不夠吃！

（小孟姐轉圈圈：「呵呵，聽到這句話真開心。」）

熱愛程式的地府之王

❖ **你的名字和綽號？**

閻羅王。大家都叫我閻王或閻王姐姐。

❖ **你的年齡？**

不可考。

❖ **你的身高？請不要謊報。**

嗚呼呼呼 171 公分！

❖ **你的家鄉？**

有什麼好問的？啊就地府咩！

❖ **畢業科系與工作？**

我的工作就是地府的老大！

❖ **你的星座與十六型人格？**

我猜我應該是射手座。十六型人格剛剛測了，是 ENTP。

❖ **你的興趣？**

很多耶～像是去人間閒晃、聽研討會、學習程式還有 AI。

❖ **簡單總結你的個性和缺點。**

善惡分明、熱情、容易自嗨、具開創性、喜歡嘗試新的東西。

❖ **全身上下最讓你驕傲的地方？**

腦子！

❖ **愛吃的食物？**

小孟煮的我都愛吃！硬要說的話是仙草吧？

❖ **感情狀況？**

這豈是一介平民能知曉的？

（小孟姐：「閻最愛我了啦！」）

❖ **死亡原因？……抱歉，當我沒問。**

……

❖ **快問快答結束，還有什麼想說的嗎？**

最近地府好像有點缺工耶，要不要釋出徵才資訊給那些
在人間昏迷的靈魂？

地府之王的賢內助 aka 地獄廚神

❖ **你的名字和綽號？**

小孟姐。不是什麼孟婆，叫我小孟姐就對了。

❖ **你的年齡？**

天知道。

❖ **你的身高？請不要謊報。**

161 公分。

❖ **你的家鄉？**

不知道。反正我已經住在地府很久了。

❖ **畢業科系與工作？**

如同標題，我是地獄廚神，呵呵。

❖ **你的星座與十六型人格？**

ISFP。話說這種測驗能幹嘛？

（伊努：「我猜小孟是天秤座。」）

❖ **你的興趣？**

烹飪、甜品、咖啡、調酒。

❖ **簡單總結你的個性和缺點。**

你說呢？（笑）

❖ **全身上下最讓你驕傲的地方？**

舌頭吧？我的味蕾挺靈敏的。

（閻王：「還有臉！明明就是地府大美人！」）

❖ **愛吃的食物？**

純飲威士忌。那個麥香讓我無法自拔，每天下班都要來一杯。

❖ **感情狀況？**

嗯？為什麼我要告訴你？

❖ ~~死亡原因？~~

❖ **快問快答結束，還有什麼想說的嗎？**

有人想加盟我開的餐廳嗎？

感謝您購買旗標書,
記得到旗標網站
www.flag.com.tw
更多的加值內容等著您⋯

● FB 官方粉絲專頁:旗標知識講堂

● 旗標「線上購買」專區:您不用出門就可選購旗標書!

● 如您對本書內容有不明瞭或建議改進之處, 請連上
旗標網站, 點選首頁的 聯絡我們 專區。

若需線上即時詢問問題,可點選旗標官方粉絲專頁
留言詢問, 小編客服隨時待命, 盡速回覆。

若是寄信聯絡旗標客服email, 我們收到您的訊息後,
將由專業客服人員為您解答。

我們所提供的售後服務範圍僅限於書籍本身或內
容表達不清楚的地方, 至於軟硬體的問題, 請直接
連絡廠商。

<table>
<tr><td>學生團體</td><td>訂購專線:(02)2396-3257 轉 362</td></tr>
<tr><td></td><td>傳真專線:(02)2321-2545</td></tr>
<tr><td>經銷商</td><td>服務專線:(02)2396-3257 轉 331</td></tr>
<tr><td></td><td>將派專人拜訪</td></tr>
<tr><td></td><td>傳真專線:(02)2321-2545</td></tr>
</table>

作　　者/施威銘研究室

發行所/旗標科技股份有限公司

台北市杭州南路一段 15-1 號 19 樓

電　　話 / (02)2396-3257(代表號)

傳　　真 / (02)2321-2545

劃撥帳號 / 1332727-9

帳　　戶 / 旗標科技股份有限公司

監　　督 / 陳彥發

執行企劃 / 黃馨儀

執行編輯 / 黃馨儀

美術編輯 / 陳慧如

封面設計 / 陳憶萱

校　　對 / 黃馨儀、劉樂永、陳彥發

新台幣售價:499 元

西元 2025 年 1 月初版

行政院新聞局核准登記 - 局版台業字第 4512 號

ISBN　978-986-312-810-6

國家圖書館出版品預行編目資料

到地府走一趟才發現連閻羅王都會 Python

/ 施威銘研究室 著 .

-- 臺北市:旗標科技股份有限公司 , 2025.1　面;　 公分

ISBN 978-986-312-810-6 (平裝)

1.CST: Python(電腦程式語言)

312.32P97　　　　　　　　　　　113013978